同济大学985三期“外国留学生预科教育模式探索与实践”项目规划教材

预科化学基础教程

总主编　许　涓

主　编　范丽岩

编　写　范丽岩　王　涛　顾金英　杨宇辉

图书在版编目(CIP)数据

预科化学基础教程/范丽岩等主编.—北京：北京大学出版社，2013.2
ISBN 978-7-301-21938-6

Ⅰ.①预… Ⅱ.①范… Ⅲ.①化学—高等学校—教材 Ⅳ.①O6

中国版本图书馆CIP数据核字（2013）第005484号

书　　名	预科化学基础教程 YUKE HUAXUE JICHU JIAOCHENG
著作责任者	许　涓　总主编　范丽岩　主编　范丽岩　王　涛　顾金英　杨宇辉　编写
责任编辑	张弘泓
标准书号	ISBN 978-7-301-21938-6
出版发行	北京大学出版社
地　　址	北京市海淀区成府路205号　100871
网　　址	http://www.pup.cn　　新浪微博:@北京大学出版社
电子信箱	zpup@pup.cn
电　　话	邮购部62752015　发行部62750672　编辑部62753374
印 刷 者	北京虎彩文化传播有限公司
经 销 者	新华书店
	787毫米×1092毫米　16开本　8.5印张　200千字
	2013年2月第1版
	2022年8月第4次印刷
定　　价	26.00元

前　言

这是一套预科专业基础课教材，写给立志在中国各高校本科学习专业的世界各国学子。

仿佛还是昨天，中国的莘莘学子历尽艰辛，克服重重困难，苦寻机会留洋海外，到世界各发达国家去学习先进的科学技术与思想文化。今天，中国不但已成为世界重要的留学输出国，同时也已成为世界重要的留学目的地国。特别是近年来，我国出国留学人数与来华留学生人数迅速攀升，且已基本持平，形成了应有的良好的互动。这是每一个熟悉中国历史的人，不得不为之感叹的巨变！世纪更迭，中国的高等教育发生了翻天覆地的变化！

自20世纪改革开放以来，随着中国经济实力、国际影响力的提升，来自世界各国的留学生不仅数量屡创新高，教育层次也大大提升。最近几年，来华留学的学历生人数增幅明显，其中一部分是接受中国政府奖学金资助来华学习的。但是，大多数即将进入中国高校本科学习专业的学历生，在来华前没有汉语基础，数理化等专业基础知识与中国学生也存在一定的距离。由于同时存在着语言、文化与专业基础知识的障碍，来华后若只经过一段时间的汉语补习，就要与中国大学生同堂听课，这个困难是可想而知的。

为保证中国政府奖学金本科来华留学生教育质量、提高奖学金使用效益，中国教育部规定，自2010年起，凡来华攻读本科学历的中国政府奖学金生，需先进入国家留学基金委指定的大学预科班学习。预科班课程内容分为基础汉语、专业汉语、专业基础知识与中国文化四类，学习期限为1～2年。预科阶段考试成绩合格者方可进入专业院校学习。这一举措，大大促进了来华留学生预科教育的开展，为本科来华留学生在本国接受的中等教育终点与中国高等教育起点之间搭建了必需的坚实的桥梁。

同济大学是目前国家留学基金委指定的开展预科教育的七所大学之一，在接受预科教育任务后，学校领导高度重视，各职能部门通力协作，教学部门努力拼搏，高效率、高质量地完成了2009学年、2010学年预科教育工作，受到教育部国际合作与交流司、国家留学基金委的表扬。在教育模式初步建构，教育成果初步显现的同时，使预科教育在实践与探索中得到科学的提升，打造预科教育品牌成为同济大学预科部的新目标。2011年，同济大学预科部“外国留学生预科教育模式探索与实践”课题成功申报同济大学985重点建设项目，使充实教学大纲，更新课程设置，推动课程建设，优化教学模式，编写紧缺教材，增进同行交流等工作提上日程，紧锣密鼓，快马加鞭地开展起来。

作为“外国留学生预科教育模式探索与实践”课题的子课题之一，这套预科专业基础课教材即是在上述时代背景、国际教育背景、学科建设背景下应运而生的。同济大学预科部承担的是理工农医（中医除外）类和医学类预科生教育，按照教育部的规定，这两类学生预科学习期限仅为 1 年。时间紧、任务重；学生起点低，结业要求高成为预科教育中无法回避的矛盾，但同时又是必须解决的问题。同济大学预科部课程设置在第一学期主要强化汉语；第二学期在继续开设汉语课、专业汉语课的同时，增设数理化等专业基础课。面对只有 4 个多月汉语学习经历，汉语水平仍处在初级阶段的外国学生，要在课时极为有限的情况下，帮助学生克服语言障碍，从最简单的数理化概念、符号、知识引入，最终让他们听懂用汉语传授的、并能与大学课程接轨的数理化知识，无疑是一个巨大的挑战。这不仅需要一支特殊的师资队伍，也必然需要一套特殊的数理化教材。

活跃在同济大学预科部数理化专业基础课课堂上的老师们都来自同济大学理学部数理化系科，他们既有深厚的专业素养、丰富的教材编写经验，同时还拥有多年执教同济大学留学生新生院数理化课程的经历。走进预科课堂，面对特殊的教学对象，他们深感需要一套既接近学生水平，又指向专业需要的基础课教材。多位骨干教师急教学之所需，参考上课讲义，结合教学实践，开始着手编写适用于预科课堂的数理化教材。由于教学时间有限，教学容量巨大，老师们精心筛选教材内容，提炼重点难点，反复琢磨编写形式，各个章节逐渐成形，随后又在教学中试用打磨，反复修改，终成硕果。这是一套开篇起点低，各章跨度大，取舍合理，最终与高校数理化课程接轨，既传授数理化汉语，更传授数理化知识，“浅入深出”、特色鲜明的预科数理化教材。

我们相信这套教材的出版将为预科教育的宏伟大厦添砖加瓦；我们期待外国留学生预科教育能为中国高校输送优质人才；我们更渴望在 21 世纪的今天，中国高等教育能进入国际领域打造品牌，争创一流，为教育强国开创美好的未来。

本套教材在编写之初，参考了天津大学国际教育学院预科部数理化课程讲义，在此表示衷心的感谢！

本套教材得到同济大学 985 三期“外国留学生预科教育模式探索与实践”子课题的资助，感谢同济大学校领导和国际文化交流学院院领导的鼓励与支持！

许　涓
2011 年 8 月

编写说明

化学是来华即将进入本科攻读理学、工学、农学、医学（中医药专业除外）专业的预科生的必修课。本教材是同济大学化学系为以上专业来华预科留学生编写的。教材包含了中国初中、高中化学教材的大部分内容，并结合大学化学的要求予以简化，旨在强化预科留学生在化学学习和日常生活中需要的化学汉语词汇，建立与中国大学化学学习的桥梁，同时对科技汉语的学习起到促进作用，为他们进入中国大学学习后继专业打下基础。

预科生的特点是汉语基础较弱，仅仅在中国接受过一个学期的汉语强化教学，同时化学基础差异较大，因此本教材对化学的基本知识进行了精简，汉语文字尽可能通俗易懂，尽量不以大段文字表述。为提高他们学习化学的兴趣，教材尽可能生活化，同时插入大量图片帮助其理解专业词汇和专业用语；并且设计了“读一读”部分，用拼音和英文同时标注化学生词，以减少其阅读和学习障碍。

本教材共分九章，内容包括常见物质、化学实验、元素、构成物质的基本微粒、化学键与晶体结构、溶液、电解质、元素周期表和元素周期律及常见有机化合物。在每一节中，基本分为“说一说”、“读一读”、“学一学”、“想一想”、“练一练”等环节，旨在帮助学生循序渐进掌握所学内容。教师可根据实际需要来选择教学内容。

同济大学国际交流学院许涓对数理化全套教材的编写范围、编写风格、编写体例做了定位与协调工作。本书的第一、第四、第五章由同济大学化学系王涛编写，第三、第六和第九章由同济大学化学系范丽岩编写，同济大学化学系顾金英编写了第七、第八章，同时和范丽岩联合编写了第二章的内容。同济大学化学系杨宇辉对本书的编写提供素材并提出许多宝贵的意见。全书由范丽岩统一编排和校对。全体编写人员均为同济大学预科化学的授课教师，可以说本教材是课堂实践与专业知识结合的产物。

本教材可供在中国接受过一个学期汉语教育的预科生化学课堂使用，也可作为来华留学生学习化学的自学教材。

本书在成稿过程中得到了同济大学国际文化交流学院的各位领导大力支持，在此表示衷心的感谢！

受编者水平有限，本教材的缺点和错误在所难免。敬请各位同仁和广大读者批评指正。

编　者

2012 年 9 月于同济园

目　　录

第一章　常见的物质
Common Substances

第一节　空气和水

说一说

下列图片与什么物质有关?

fēng chē
图 1.1　风 车

là zhú rán shāo
图 1.2　蜡烛燃烧

读一读

空气	kōngqì	air
颜色	yánsè	colour
气味	qìwèi	odour
呼吸	hūxī	breath
资源	zīyuán	resource
物质	wùzhì	substance

(一) 空　气

学一学

空气是没有颜色、没有气味的气体，我们周围到处都有空气，空气是无处不在的。空气对生物是非常重要的，空气供我们呼吸，我们每时每刻都离不开空气。离开空气，地球上的一切生命活动将停止。

空气是重要的资源，人们可以从空气中分离出很多有用的气体。

练一练

1. 空气是什么颜色的气体（　　）

　A. 白色　　B. 蓝色　　C. 无色　　D. 灰色

2. 空气对人类有什么作用?

读一读

氮气	dànqì	nitrogen
氧气	yǎngqì	oxygen
二氧化碳	èryǎnghuàtàn	carbon dioxide
杂质	zázhì	impurity
稀有气体	xīyǒu qìtǐ	rare gas
燃烧	ránshāo	burning
石灰水	shíhuīshuǐ	lime water
浑浊	húnzhuó	muddy

(二) 空气的组成

学一学

空气是多种气体的混合物，它由氮气、氧气、少量的稀有气体和二氧化碳等气体组成。氮气占空气体积的78%，氧气占21%，稀有气体占0.94%，二氧化碳占0.03%，水蒸气和其他杂质占0.03%。氮气不活泼，可以用做保护气；氧气是人和动物呼吸、物质燃烧不可缺少的物质；二氧化碳不支持燃烧，可以使澄清石灰水变浑浊。

练一练

1. 按体积计算，空气中含量最多的气体是______，含量居第二位的气体是______。
2. 为了防止食品腐烂变质，在包装食品时常常充入氮气，原因是________________。
3. 澄清石灰水长期敞口放在空气中会变浑浊，这是因为空气中含有（　　）。
   A. 氧气　　B. 二氧化碳　　C. 氮气　　D. 一氧化碳
4. 氧气的下列用途中，利用氧气可以支持燃烧并放出热量的性质的是（　　）。
   ①气焊　②动植物呼吸　③医疗　④潜水　⑤宇航
   A. ①②③　　B. ①⑤
   C. ①③④⑤　　D. ①②③④⑤
5. 试证明空气中含有水蒸气。

读一读

物质	wùzhì	material
混合物	hùnhéwù	mixture
纯净物	chúnjìngwù	substance

（三）纯净物和混合物

学一学

化学的研究对象是物质。据粗略估计，目前世界上的物质有3000多万种。

为了研究物质的方便，可以把物质进行分类。物质分为纯净物和混合物。纯净物只由一种物质组成，而混合物是由两种或两种以上物质混合而成的。氮气、氧气、二氧化碳等气体是纯净物。而空气是氮气、氧气等气体混合而成的混合物。

牛奶、葡萄酒、果汁、豆浆、冰红茶、碳酸饮料等等，都是混合物。混合物中的各种物质是相互独立的，只是机械地混合在一起，混合物中的每一种物质都保持原来的性质。绝对纯净的物质是不存在的，通常所说的纯净物是含其他物质很少的物质。

练一练

1. 列举两种生活中常见的混合物，试说出它们分别是由哪些物质组成的。
   (1) ________________；　　(2) ________________。
2. 下列物质中，属于纯净物的是（　　）。
   A. 蒸馏水　　B. 雪碧饮料　　C. 河水　　D. 新鲜空气
3. 下列物质中，属于纯净物的是（　　）
   A. 自来水　　B. 冰　　C. 面粉　　D. 果汁
4. 下列物质中，属于纯净物的是（　　）
   A. 清新的空气　　B. 冰红茶　　C. 清洁的海水　　D. 氧气
5. 下列家庭常用物质中，属于纯净物的是（　　）
   A. 牛奶　　B. 酱油　　C. 蒸馏水　　D. 葡萄酒

说一说

下列图片与什么物质有关？

xiǎo xī liú shuǐ
图 1.3　小 溪 流 水

gān hàn
图 1.4　干 旱

读一读

水	shuǐ	water
透明	tòumíng	transparent
味道	wèidào	taste
液体	yètǐ	liquid
淡水	dànshuǐ	freshwater
水资源	shuǐzīyuán	water resource
密度	mìdù	density

(四) 水

学一学

水是没有颜色、没有味道的透明液体。水是生命之源，人、动物和植物都离不开水，如果没有水，地球上将没有生命。天上、地下、动植物体内都含有水分。在地球上海洋的水约占所有水的97%，淡水仅占所有水的2.5%。其中人类可以直接利用的水只占淡水的1%，所以我们要珍惜水资源。

在常压下，水在4℃时密度最大，为1 g/cm^3。许多物质都可以溶解在水中，形成混合物。例如：食盐水、糖水。

练一练

1. 在下列水资源中，占淡水比例最大的是（　　）
   A. 地下淡水　　B. 冰川水
   C. 江湖水　　D. 大气水
2. 地球上各种生物体内都含有水。在下列物质中，含水最多的是（　　）
   A. 鱼类　　B. 黄瓜　　C. 水母　　D. 人体
3. 下列物质都是组成我们人体的重要物质。人体中含量最多的物质是（　　）
   A. 水　　B. 无机盐
   C. 蛋白质　　D. 脂肪

读一读

状态	zhuàngtài	state
气态	qìtài	gas state
固态	gùtài	solid state
液态	yètài	liquid state
熔化	rónghuà	melt
气化	qìhuà	vaporization
熔点	róngdiǎn	melting point
沸点	fèidiǎn	boiling point
升华	shēnghuá	sublimate
蒸发	zhēngfā	evaporate

（五）水的不同状态

学一学

你知道水有几种状态吗？

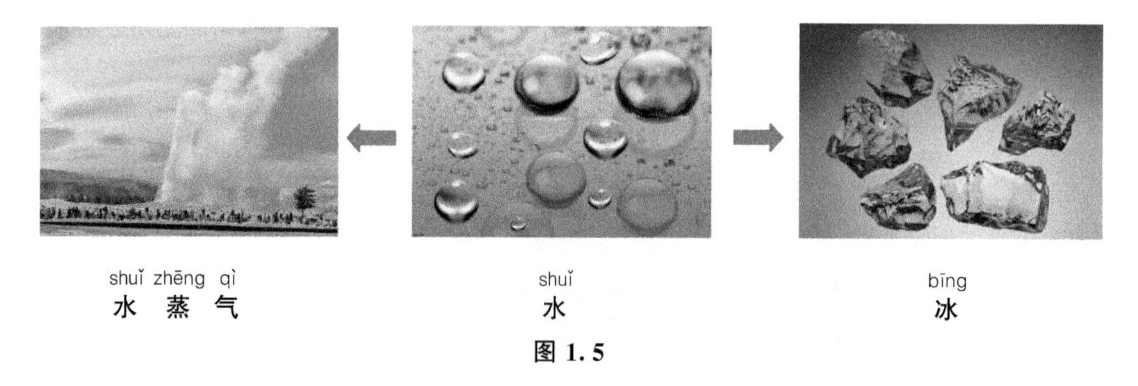

图 1.5

在常压下，水在常温时是液态，在 0℃以下是固态（称为冰），在 100℃以上是气态（称为水蒸气）。一般情况下，每一种物质都有固态、液态和气态等三种状态，这三种状态的物质分别称为分别称为固体、液体、气体。

物质的状态在一定条件下可以相互转变。

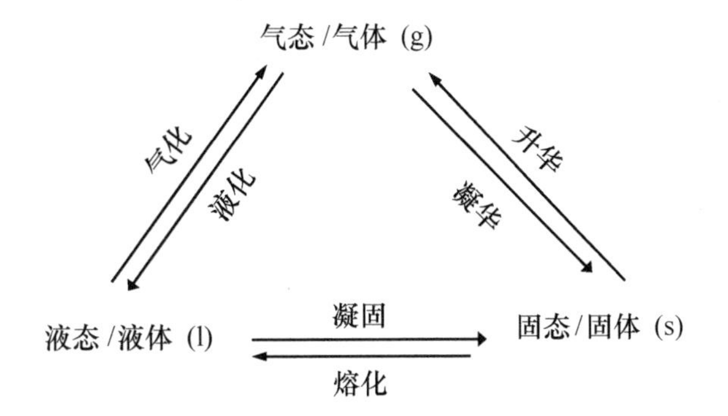

物质由固态转变为液态的过程称为熔化，这时的温度称为这种物质的熔点。例如，冰在 0℃时可以转变为液态水，所以冰的熔点是 0℃。

物质由液态变为气态的过程称为气化，由液态变为气态时的温度称为这种物质的沸点。例如，液态水在 100℃时可以转变为水蒸气，液态水的沸点是 100℃。物质在达到沸点时不断有气泡生成，我们说物质沸腾了。

练一练

1. 水在 0℃时可以变为冰，在 100℃时可以变为水蒸气。请问水的熔点、沸点各是多少？
2. 在冬季时水__________成冰。　　（①蒸发，②凝固，③气化）
3. 水是最常见的物质，下面是某同学对水的一些认识，你认为正确的是（　　）
   ①常压下水的沸点是 100℃
   ②水是生物生存所需要的最基本的物质之一
   ③水通常以液态和气态存在
   ④有许多物质可以在水中溶解
   A. ①②③　　B. ①②④　　C. ①③④　　D. ②③④
4. 冬天，北方室外水管通常要用稻草包裹，这主要是因为（　　）
   A. 水在 4℃时密度最大　　B. 温度低于 0℃时水会凝固
   C. 水的沸点是 100℃　　D. 水结冰时体积膨胀

第二节　碳和铁

说一说

以下图片中物质的主要成分是什么？

zuàn shí
图 1.6 钻 石

shí mò
图 1.7 石 墨

读一读

碳	tàn	carbon
钻石	zuànshí	diamond
石墨	shímò	graphite
矿物	kuàngwù	mineral
非金属	fēijīnshǔ	nonmetal
晶态碳	jīngtàitàn	crystalline carbon
无定形	wúdìngxíng	amorphous form

(一) 碳

学一学

碳是一种固态的非金属。自然界中的碳有多种存在形式。钻石（由金刚石加工而成）和石墨是两种不同形态的碳，是晶态碳。焦炭、木炭、活性炭等也是碳，是无定形碳。

金刚石是一种天然矿物，其晶体呈无色、透明的正八面体和菱形的十二面体，是自然界中最硬的物质。不仅可以做装饰品，用来切割玻璃、大理石，还可以用做地质勘探钻头。石墨是一种深灰色、有金属光泽的固体，柔软、滑腻，导电性好，耐高温。可以用做润滑剂、电极、制铅笔芯。

活性炭和焦炭是黑色、多孔的固体物质，活性炭的吸附性强，可以做吸附剂、脱色剂，多用于防毒面具。焦炭是工业上常用的还原剂，冶铁和炼钢都需要焦炭。

练一练

1. 下列哪种不属于碳的用途（　　）
   A. 用二氧化碳灭火　　B. 用金刚石切割大理石
   C. 用石墨为主要原料制铅笔芯　　D. 用活性炭脱色制白糖
2. 碳有金刚石、石墨和无定形碳等多种形态。下列关于碳的叙述中，正确的是（　　）
   A. 都是黑色固体　　B. 结构都相同
   C. 都能燃烧　　D. 都能使红墨水褪色
3. “钻石恒久远，一颗永流传”这句广告词被美国《广告时代》评为20世纪的经典广告之一，该广告词能体现的钻石的性质是（　　）
   A. 硬度大　　B. 不能导电　　C. 化学性质稳定　　D. 熔点低

读一读

化学变化	huàxué biànhuà	chemical change
物理变化	wùlǐ biànhuà	physical change
化学性质	huàxué xìngzhì	chemical property
物理性质	wùlǐ xìngzhì	physical property
酒精	jiǔjīng	alcohol

（二）碳的燃烧

学一学

mù cái rán shāo
图 1.8 木材燃烧

jiǔ jīng rán shāo
图 1.9 酒精燃烧

燃烧是生活中常见的现象，物质燃烧时首先需要和空气中的氧气接触，在燃烧过程中会生成新的物质。碳的单质在氧气中充分燃烧时会生成二氧化碳，这个燃烧过程可以用下面的式子表示：

$$碳+氧气\xrightarrow{点燃}二氧化碳$$

化学中把这种能够生成新物质的过程叫做化学变化，化学变化也叫做化学反应。物质能够生成新物质的性质叫做物质的化学性质。碳通过燃烧能够生成新物质的性质就是碳的化学性质，叫做碳的可燃性。

化学中把没有生成新物质的变化过程叫做物理变化，例如：液态水变为气态水的气化过程就是一个物理变化，在这个变化过程中仅仅是水的状态发生了变化，但没有新物质的生成。物质在物理变化过程中表现的性质叫做物理性质。

以氧气为例。氧气在通常状况是一种无色无气味的气体，氧气的密度比空气的平均密度略大，氧气不易溶于水，这些性质都是氧气的物理性质。而氧气能够支持燃烧的性质是氧气的化学性质。

练一练

1. 下列变化中，哪些是物理变化，哪些是化学变化？

zì xíng chē lún tāi biě le
自行车轮胎瘪了

rán fàng yān huā
燃放烟花

niú nǎi zhì chéng suān nǎi
牛奶制成酸奶

yī fu shài gān
衣服晒干

图 1.10

2. 氧气是空气的组成部分，且：①氧气是无颜色、无气味的气体；②它能供给呼吸，支持燃烧；③但氧气能腐蚀钢铁等金属，使它们生锈；④少量的氧气能微溶于水。

描述氧气物理性质的是__________、__________；
描述氧气化学性质的是__________、__________。

3. 下列变化中，属于物理变化的是（　　）
   A. 食物腐败
   B. 煤气燃烧
   C. 湿衣晾干
   D. 菜刀生锈
4. 下列各组变化中，前者属于物理变化，后者属于化学变化的是（　　）
   A. 铁片生锈，火药爆炸
   B. 蜡烛燃烧，酒精挥发
   C. 玻璃熔化，黄酒变酸
   D. 瓷器破碎，滴水成冰
5. 下列叙述中，属于物质化学性质的是（　　）
   A. 纯水为无色无味的液体
   B. 镁条在空气中燃烧生成了氧化镁
   C. 铜绿受热时会发生分解
   D. 氧气不易溶于水，且密度比空气大

思考与讨论

用什么物理性质可以区分下列物质？

(1) 空气和水
(2) 糖和盐
(3) 铜 Cu 和铁 Fe
(4) 氨水 $NH_3 \cdot H_2O$ 和二氧化碳 CO_2

读一读

铁	tiě	iron
氧化铁	yǎnghuàtiě	ferric oxide
铁锈	tiěxiù	rust
金属材料	jīnshǔ cáiliào	metal material
延展性	yánzhǎnxìng	ductility
韧性	rènxìng	toughness

（三）铁

学一学

gāng cái
图 1.11 钢 材

liàn gāng
图 1.12 炼 钢

钢材的主要成分是铁，铁是最常用的金属，它是一种银白色的固体，有延展性，能导电、导热。铁是现代化学工业的基础，是人类进步必不可少的金属材料。中国是最早发现和掌握炼铁、炼钢技术的国家。

shēng xiù de tiě
图 1.13 生 锈 的 铁

生铁和钢是铁的两种重要的合金，它们的主要成分是铁，另外还含有碳，所以生铁和钢都是混合物。生铁的含碳量高，硬而脆。钢的含碳量低，韧性好。

钢铁在潮湿的空气中容易生锈。生锈的钢铁就不再具有钢铁的属性，失去了价值，成为废铁。钢铁生锈就不再坚固耐用，许多用钢铁制造的大桥、机器因为生锈，就会发生断裂，引发事故。

做一做

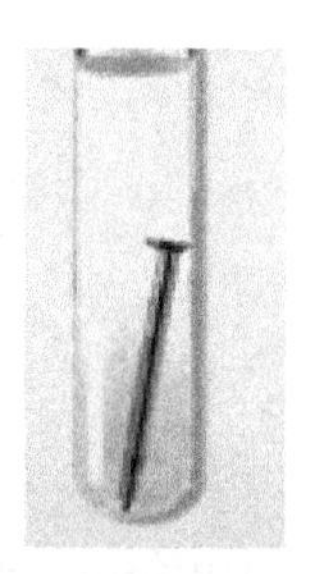

图 1.14

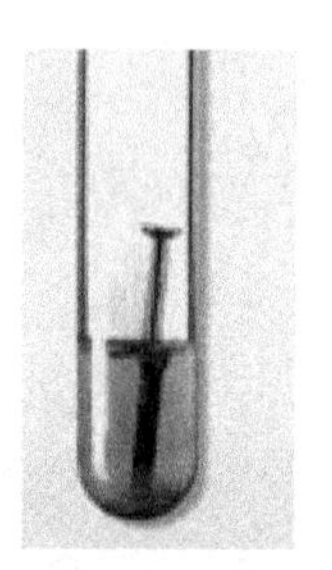

图 1.15

图 1.14 在干燥的试管中放入一颗铁钉，过几天观察有什么现象。

图 1.15 把一颗铁钉放入装有水的试管中，一半放入水中，一半露在空气中，过几天观察有什么现象。

通过这个简单的实验，我们知道铁生锈是因为铁与空气中的氧气、水接触、发生反应生成铁锈的过程，铁生锈的过程是一个复杂的化学变化。

练一练

1. 判断下面说法是否正确：

   铁生锈属于生成新物质的变化（　　）

   金属中只有铁会生锈（　　）

2. 下列关于生铁和钢的说法中，正确的是（　　）

   A. 生铁和钢都是混合物，其主要成分都是碳

   B. 生铁硬而有韧性，既可铸又可锻

   C. 钢是用铁矿石和焦炭做原料炼制而成的

   D. 生铁和钢的性能差别较大，主要由于生铁和钢的含量碳不同

3. 铁在什么情况下容易生锈?

4. 怎样防止铁生锈?

（四）铁的冶炼

学一学

铁是一种应用广泛的金属，但是自然界中并不存在金属铁，只存在铁矿石。因此需要将铁从铁矿石中冶炼出来。这种使金属矿物变成金属的过程，叫做金属的冶炼。

铁矿石的种类很多，其中一种重要的铁矿石中含有氧化铁。氧化铁变成铁的过程是复杂的化学变化过程，其中主要的化学变化可以用下面的式子表示：

$$\text{焦炭}+\text{氧气}\xrightarrow{\text{点燃}}\text{一氧化碳}$$

$$\text{氧化铁}+\text{一氧化碳}\xrightarrow{\text{高温}}\text{铁}+\text{二氧化碳}$$

工业上用于冶炼铁的主要设备是高炉。

tiě de yě liàn
图 1.16 铁的冶炼

练一练

1. 下列关于金属的说法中，错误的是（　　）
   A. 生铁和钢都是铁的合金
   B. 铁在潮湿的空气中不会生锈
   C. 铁表面有氧化保护膜
   D. 在铁表面刷上油漆，可防止铁生锈
2. 下列变化过程，不属于金属冶炼的是（　　）
   A. 电解氧化铝
   B. 铁在氧气中燃烧
   C. 金属氧化物与焦炭在高温下反应
   D. 高温下一氧化碳还原氧化铁
3. 炼铁的主要设备是__________；主要原料是铁矿石、__________和__________。
4. 能解释“古代铁制品保存至今的很少”的理由是（　　）
   A. 铁元素在地壳里含量少
   B. 冶炼铁的原料少，且冶炼困难
   C. 铁易置换出其他金属
   D. 铁易生锈，且铁锈对铁制品无保护作用

第三节　食盐、盐酸和烧碱

认一认

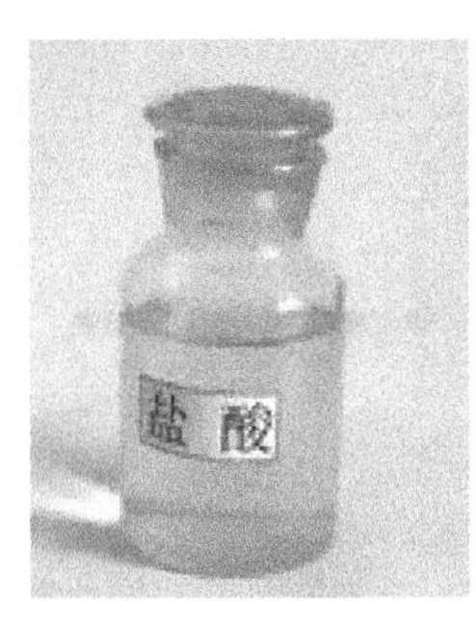

shí yán
图 1.17　食 盐

yán suān
图 1.18　盐 酸

shāo jiǎn
图 1.19　烧 碱

读一读

氯化钠	lǜhuànà	sodium chloride
粗盐	cūyán	crude salt
潮解	cháojiě	deliquescence
盐	yán	salt

（一）食　盐

学一学

食盐是一种白色颗粒状的固体，有咸味，易溶于水。食盐是我们饮食中不可缺少的调味品。食盐的化学名称是氯化钠，由氯元素和钠元素组成。氯化钠是重要的化工原料，可用于制取盐酸、烧碱、氯气等化工产品。氯化钠在工业上的用量和作用远远超过它在饮食中的使用。

海水中有丰富的氯化钠。自然产出的食盐里含有较多的杂质，通常叫做粗盐。粗盐中含有氯化镁、氯化钙等杂质，易吸收空气中的水蒸气而潮解。粗盐经过提纯精制成为纯净的氯化钠后则不易潮解。

盐是一类物质的总称。食盐是盐中的一种，氯化镁、氯化钙等都是盐。

练一练

1. 食盐的化学名称是________，是____色______体；____溶于水；有______味道；粗盐易______解。
2. 下列说法中，正确的是（　　）
   A. 盐都能食用，故称食盐
   B. 盐就是食盐，易溶于水
   C. 盐都有咸味，都是白色晶体
   D. 盐是一类物质的总称
3. 食盐是一种重要的化工原料，可用于生产：①消石灰，②氯气，③盐酸，④硫酸，⑤烧碱。以上用途中，正确的是（　　）
   A. ②③⑤
   B. ③④⑤
   C. ①④⑤
   D. ①②③④⑤
4. 实验室里有无标签的饱和食盐水和蒸馏水各一瓶，请你用简单方法加以区分。

读一读

氯化氢	lǜhuàqīng	hydrogen chloride
通性	tōngxìng	common property
挥发性	huīfāxìng	volatility
酸	suān	acid
刺激性	cìjīxìng	irritability
腐蚀性	fǔshíxìng	corrosivity
石蕊	shíruǐ	litmus
浓盐酸	nóngyánsuān	concentrated hydrochloric acid

（二）盐　酸

学一学

盐酸是一种无色、有刺激性气味的透明液体。工业上曾用氯化钠和硫酸反应来制盐酸，由于氯化钠俗称食盐，因此制成的酸就叫做“盐酸”。酸是一类物质的总称，盐酸是一种酸。

盐酸是混合物，是氯化氢气体的水溶液。氯化氢是无色有刺激性气味的气体，极易溶于水，氯化氢气体对动植物有害，有腐蚀性。浓盐酸具有强挥发性，开启浓盐酸的瓶塞，可见瓶口有白雾出现，这是挥发出来的氯化氢气体溶解在空气里的水蒸气中所形成的雾滴。

盐酸能够使石蕊溶液变成红色，这是酸的通性。

盐酸还能够跟铁发生化学反应，生成氯化亚铁和氢气，可以用下面的式子表示：

盐酸＋铁⟶氯化亚铁＋氢气

练一练

1. 下列物质露置在空气中，质量逐渐减小的是（　　）
   A. 浓盐酸
   B. 氯化钾
   C. 氢氧化钠
   D. 氯化钠
2. 下列各变化中，属于物理变化的是（　　）
   A. 把铁放入稀盐酸中有气体生成
   B. 盐酸使石蕊试液变红色
   C. 浓盐酸有腐蚀性
   D. 浓盐酸在空气里敞口放置瓶口有白雾生成
3. 酸具有一些相似的化学性质，这是因为（　　）
   A. 酸能使石蕊试液变红色
   B. 酸能跟碱反应生成盐和水
   C. 酸溶液能导电
   D. 酸都具有相似的结构

读一读

氢氧化钠	qīngyǎnghuànà	sodium hydroxide
烧碱	shāojiǎn	caustic soda
中和反应	zhōnghé fǎnyìng	neutralization reaction
碱	jiǎn	alkali

(三) 烧　碱

学一学

烧碱是一种白色片状的固体，具有强烈的腐蚀性，极易吸收空气中的水蒸气而潮解。烧碱是一种碱，碱是一类物质的总称。烧碱的化学名称是氢氧化钠，氢氧化钠极易溶于水，溶于水时放出大量的热，氢氧化钠溶液有涩味和滑腻感。

氢氧化钠溶液能够使石蕊溶液变成蓝色，这是碱的通性。

氢氧化钠能够和盐酸反应生成氯化钠和水。可以用下面的式子表示：

$$氢氧化钠+盐酸 \longrightarrow 氯化钠+水$$

一般来说，酸和碱都能发生反应，生成盐和水，这种反应称为酸和碱的中和反应。

氢氧化钠还能够和空气中的二氧化碳反应生成碳酸钠和水。可以用下面的式子表示：

$$氢氧化钠+二氧化碳 \longrightarrow 碳酸钠+水$$

练一练

1. 人的胃液呈________性。污水中的含酸量超标时，可以利用________进行中和处理。
2. 下列说法中，错误的是（　　）

   A. 纯碱是碱　　B. 食盐是盐

   C. 烧碱是碱　　D. 盐酸是酸

3. 下列质量增加的变化中，有一种与其他三种存在着本质的区别，这种变化是（ ）

A. 长期放置在空气中的氢氧化钠质量增加

B. 久置在潮湿空气中的铁钉质量增加

C. 久置在空气中的生石灰质量增加

D. 长期敞口放置的浓硫酸质量增加

4. 下列方法中，能把盐酸、食盐水、烧碱溶液一次区别开的是（ ）

A. 品尝一下

B. 分别滴加石蕊试液

C. 分别加入铁粉

D. 闻一闻气味

5. 下列潮湿的气体中，不能用固体氢氧化钠干燥的是（ ）

A. 一氧化碳　　B. 氢气

C. 二氧化碳　　D. 氧气

6. 物质的性质不仅决定了它的用途，还决定了它的保存方法。固体氢氧化钠具有以下性质：①有腐蚀性；②易吸收水蒸气而潮解；③易溶于水，溶解时放出热量；④能与空气中的二氧化碳反应。实验室中固体氢氧化钠必须密封保存的主要原因是（ ）

A. ①②　　B. ②④

C. ①③　　D. ③④

7. 下列关于常见酸碱的说法中，错误的是（ ）

A. 氢氧化钠溶液具有强碱性

B. 氢氧化钙可用来改良酸性土壤

C. 浓盐酸需要密封保存是为了防止挥发

D. 氢氧化钠固体和浓盐酸都有吸水性

【本章小结】

1. 化学的研究对象是物质。为了研究的方便，可以将物质进行分类。物质分为混合物和纯净物。由一种物质构成的称为纯净物，由两种或两种以上构成的称为混合物。

2. 化学研究物质的性质、变化规律以及用途。物质的性质包括物理性质和化学性质。物质发生的变化分为物理变化和化学变化。物理变化和化学变化的本质区别是：物理变化过程没有新物质的生成，而化学变化过程有新物质的生成。

3. 化学是以实验为基础的学科，化学上的许多重大发现和研究成果都是通过实验得到的。

4. 碳的燃烧、钢铁的生锈与冶炼，都是重要的化学变化。

5. 几类重要的物质：酸、碱、盐。酸和碱能发生中和反应生成盐和水。中和反应也是重要的化学反应。

第二章　化学实验
Chemical Experiment

第一节　实验室常见仪器

说一说

化学是一门以实验为基础的自然科学。化学实验离不开化学仪器。你能说出几种化学实验中经常用到的仪器吗？

读一读

烧杯	shāobēi	beaker
量筒	liángtǒng	measuring cylinder
试管	shìguǎn	test tube
三角漏斗	sānjiǎo lòudǒu	triangle funnel
托盘天平	tuōpán tiānpíng	counter balance
铁架台	tiějiàtái	iron support
酒精灯	jiǔjīngdēng	alcohol lamp
试管夹	shìguǎnjiā	test tube holder
玻璃棒	bōlibàng	glass rod
蒸发皿	zhēngfāmǐ	evaporating dish
石棉网	shímiánwǎng	wire-gauze

（一）化学实验常用仪器

学一学

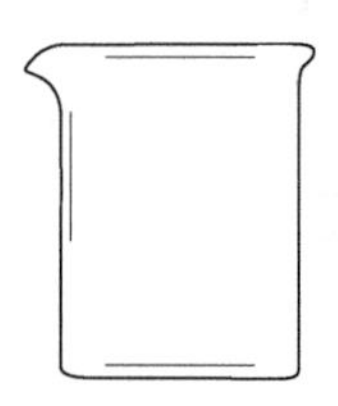

shāo bēi
烧 杯

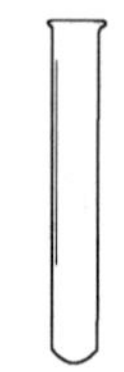

shì guǎn
试 管

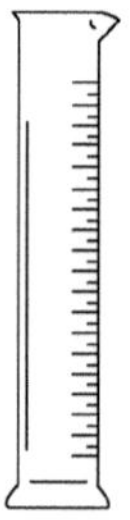

liáng tǒng
量 筒

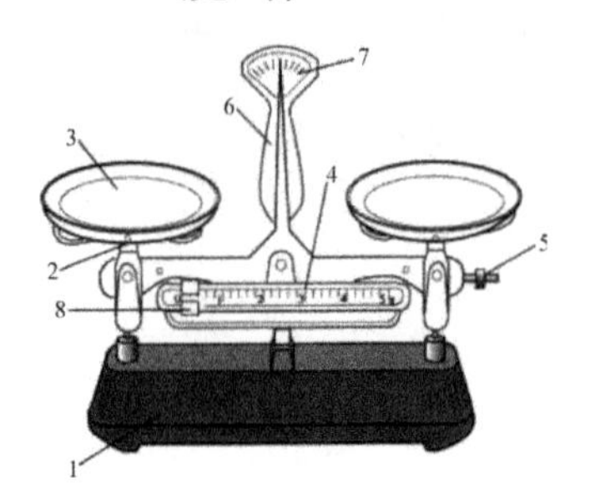

tuō pán tiān píng
托 盘 天 平

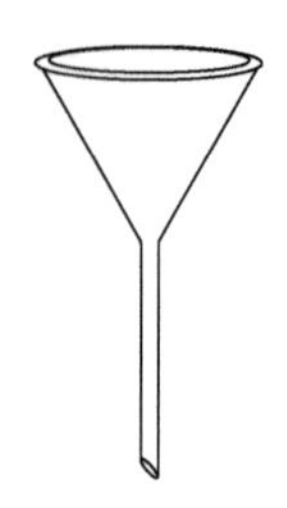

sān jiǎo lòu dǒu
三 角 漏 斗

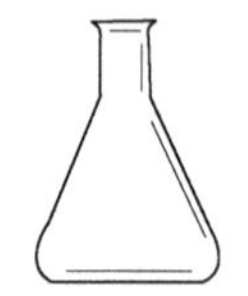

zhuī xíng píng
锥 形 瓶

jiǔ jīng dēng
酒 精 灯

zhēng fā mǐn
蒸 发 皿

bō li bàng
玻璃 棒

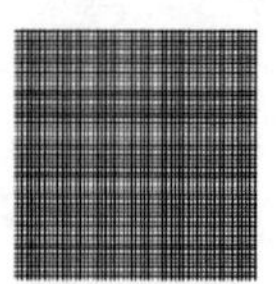

shí mián wǎng
石 棉 网

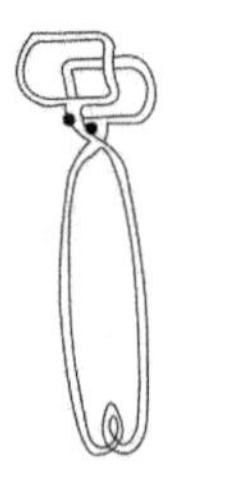

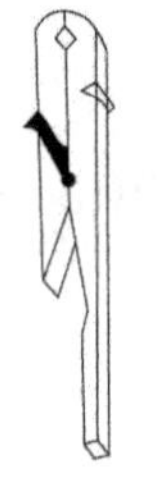

shì guǎn jiā
试 管 夹

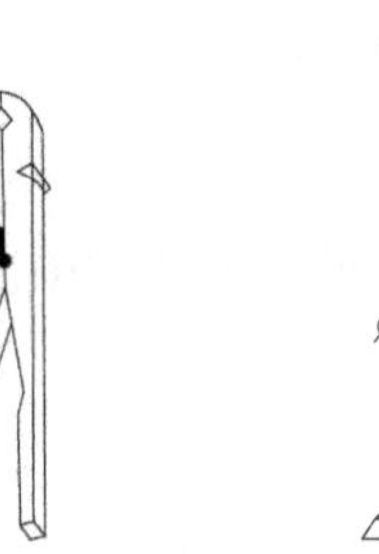

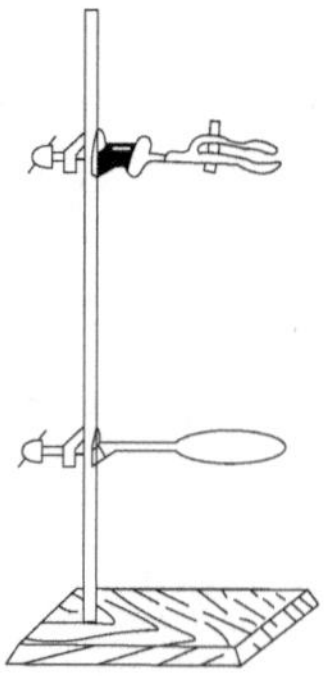

tiě jià tái
铁 架 台

图 2.1

请你先说

在上面学习到的玻璃仪器中，哪些是可以加热使用的？哪些不能？

读一读

收集	shōují	collect
配制	pèizhì	preparation
容积	róngjī	volume
量取	liángqǔ	measure
容器	róngqì	container
称量	chēngliáng	weigh
砝码	fǎmǎ	weight
平衡	pínghéng	balance
游码	yóumǎ	rider
骤冷	zhòulěng	quench

(二) 化学仪器的基本使用方法

学一学

1. 试管的使用

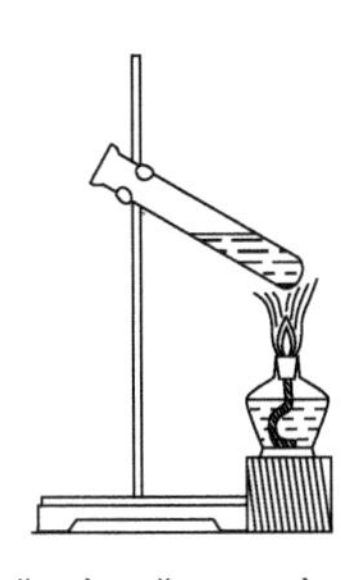

图 2.2 液体药品加热（yè tǐ yào pǐn jiā rè）

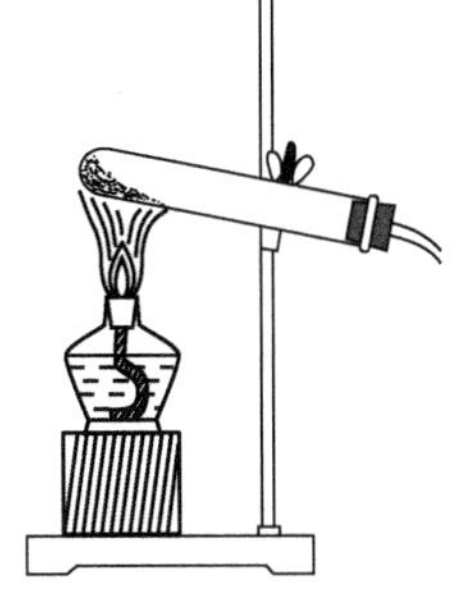

图 2.3 固体药品加热（gù tǐ yào pǐn jiā rè）

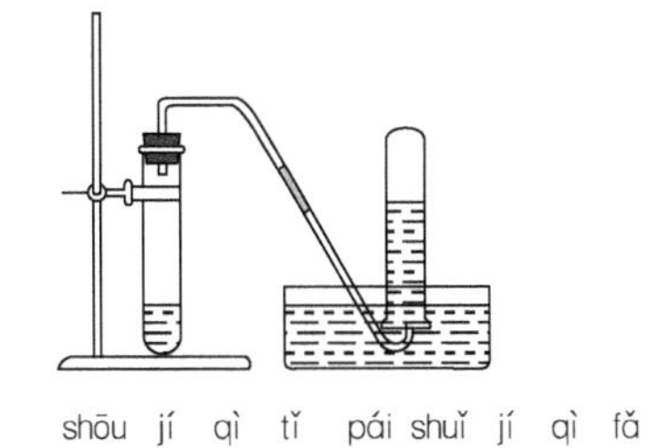

图 2.4 收集气体(排水集气法)（shōu jí qì tǐ (pái shuǐ jí qì fǎ)）

（1）普通试管可直接用火加热，但加热后不可骤冷；

（2）反应液体的体积不超过试管容积的 1/2，加热时不超过 1/3；

（3）加热时管口不可对人，应先使试管下半部均匀受热；加热固体时，管口略向下倾斜；

（4）可用做少量试剂的反应容器或收集少量气体。

2. 烧杯的使用

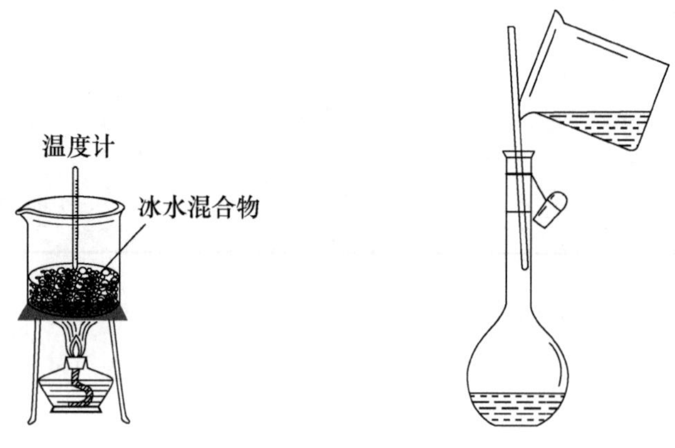

图 2.5

（1）加热时烧杯应放置在石棉网上，不可骤冷骤热，以免破裂；

（2）反应液体的体积不超过烧杯容积的 2/3；

（3）用做反应物量较多时的反应容器；

（4）可用于溶解固体和配制溶液。

3. 量筒的使用

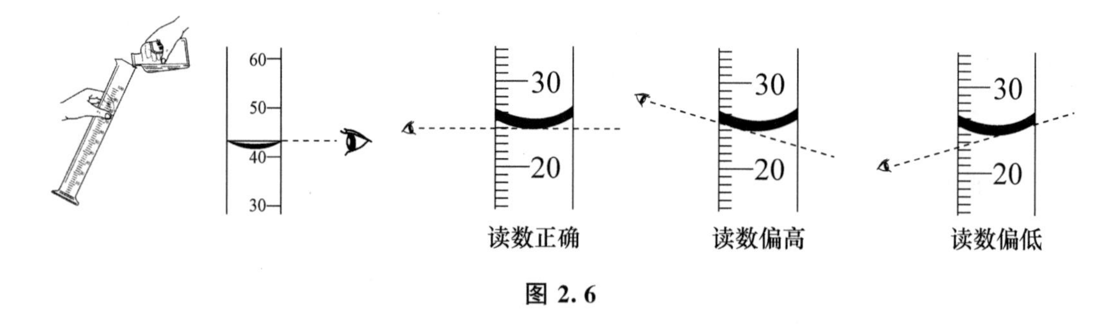

图 2.6

（1）粗略量取一定体积的液体；

（2）不能加热，也不可作为反应容器；

（3）学会正确读数。

4. 托盘天平的使用

（1）用于精度不高（一般为 0.1g）的称量，适用于粗称样品。使用方法如下：

1）调整零点：将游码拨到标尺“0”位，指针停在刻度盘的中间位置。

2）称量时，左盘放称量物，右盘放砝码（10 g或 5 g 以下的质量是通过移动游码来平衡的），增减砝码，使台秤处于平衡状态。砝码加游码的质量就是称量物的质量。

（2）称量时应注意：不能称量热的物体；被称量物不能直接放在托盘上，依情况选择称量纸、表面皿或其他容器。

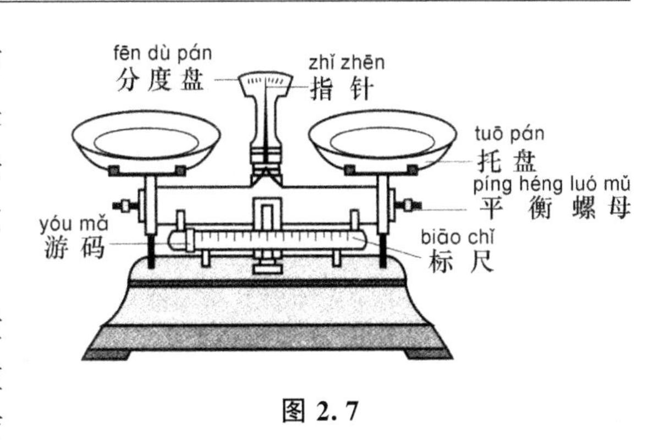

图 2.7

练一练

1. 下列化学仪器中，不能用于加热的是（　　）
   A. 试管
   B. 烧杯
   C. 量筒
   D. 锥形瓶
2. 如果同学误将样品和砝码在天平盘上的位置颠倒，平衡时称得固体样品为 4.5 克，（1 克以下使用游码），则样品实际质量为（　　）
   A. 3.5 g
   B. 4.0 g
   C. 5.0 g
   D. 5.5 g
3. （1）写出下列仪器的名称。

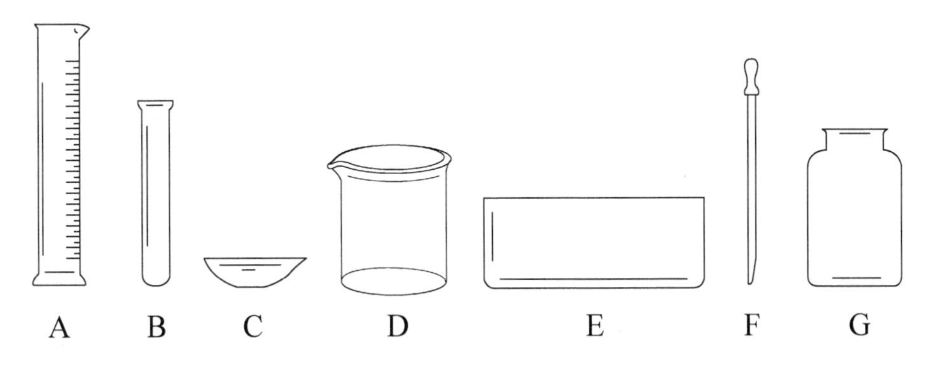

（2）可直接在火焰上加热的是__________（填写编号，以下同）；加热时必须垫石棉网的是__________；用于量取液体体积的是

__________；可用于配制溶液的是__________。

4. 下列操作有哪些错误，可能产生什么后果？

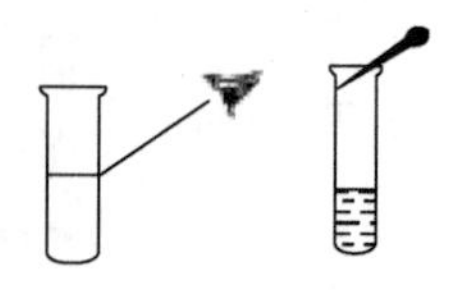

5. 下列仪器中，不能用于化学反应的是（　　）

A. 试管

B. 烧杯

C. 量筒

D. 锥形瓶

第二节　实验：粗盐的提纯

想一想

粗盐的主要成分是什么？为什么要提纯（purify）呢？

粗食盐主要成分是 NaCl，其他还有不溶性杂质（如泥沙）和可溶性杂质（主要有 Ca^{2+}、Mg^{2+}、K^{+}以及 SO_4^{2-} 离子）。

读一读

提纯	tíchún	purify
不溶性	bùróngxìng	insolubility
可溶性	kěróngxìng	solubility
杂质	zázhì	impurity
溶解	róngjiě	dissolve
过滤	guòlǜ	filtrate
滤纸	lǜzhǐ	filter paper
滤渣	lǜzhā	residue
操作步骤	cāozuò bùzhòu	operating procedure

（一）粗盐的提纯步骤

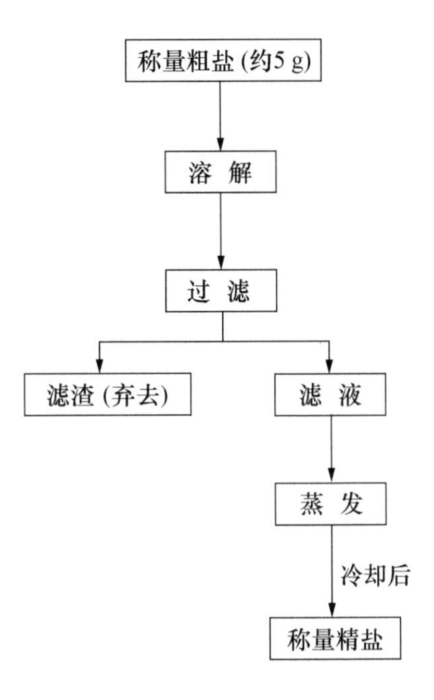

（二）化学实验基本操作：溶解

学一学

溶解：是固体、液体或气体分子均匀分布在另一种液体里的过程。如糖溶解在水中。

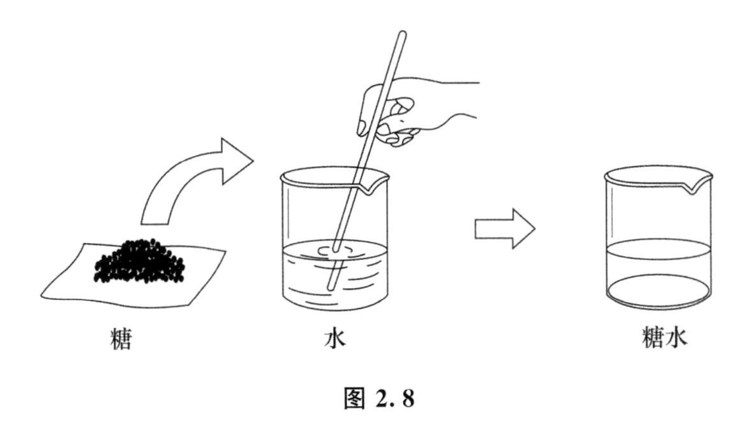

图 2.8

溶解时要用到烧杯、玻璃棒。不易溶解的物质需要加热、搅拌。

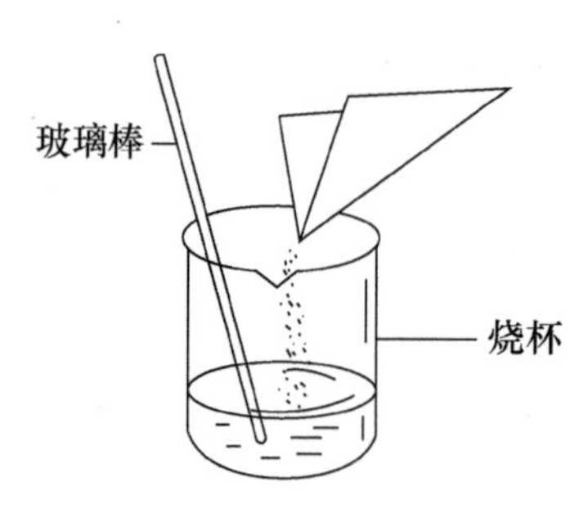

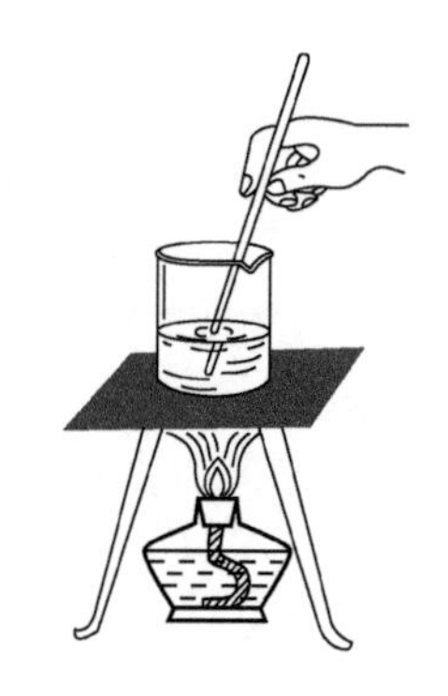

图 2.9

（三）化学实验基本操作：过滤与蒸发

学一学

1. 过滤

过滤是指把液体与不溶性固体颗粒分离开来的化学操作。

（1）过滤的操作步骤

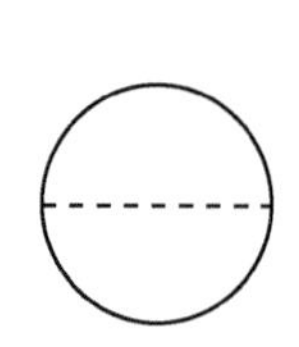
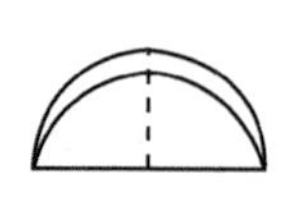
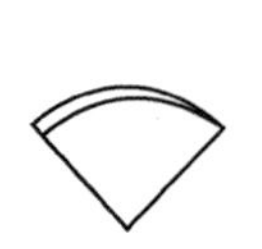
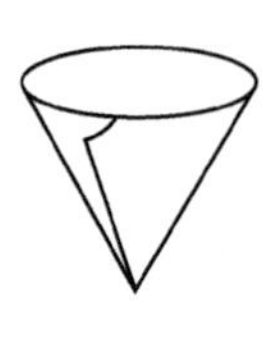
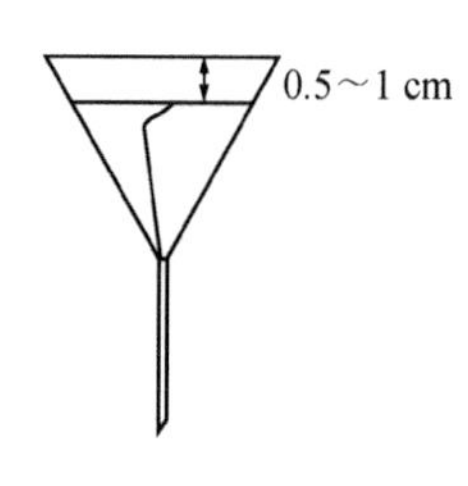

图 2.10

1）滤纸对折两次，从中间打开，形成一边三层，一边一层的。

2）滤纸放入漏斗中，醮点水，把滤纸紧贴漏斗壁。

3）将漏斗放在铁架台上，组成一个过滤装置。用玻璃棒引流进行过滤。

（2）过滤操作时的注意事项：“一贴，二低，三靠”

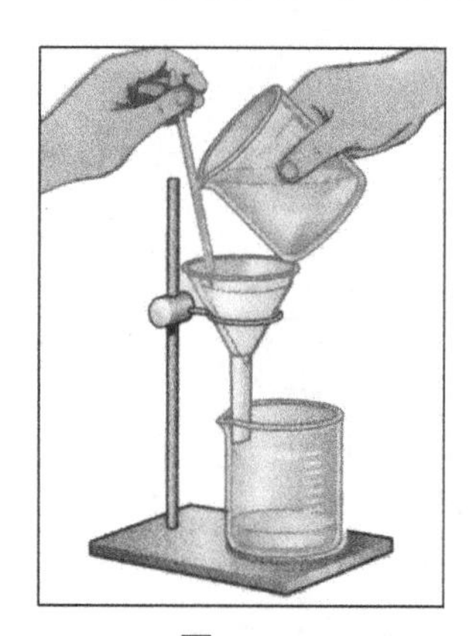

图 2.11

一贴：滤纸紧贴漏斗的内壁。

二低：

1）滤纸边缘低于漏斗口

2）液面低于滤纸

三靠：

1）漏斗下端口紧靠烧杯内壁

2）玻璃棒紧靠三层滤纸处

3）倾倒液体时，烧杯口紧靠玻璃棒

2. 蒸发

蒸发是指用加热的方法，将溶液中的溶剂（如水等）气化除去的操作。

（1）蒸发的操作步骤

将滤液倒入蒸发皿中，然后用酒精灯加热。

加热时，要用玻璃棒不断搅拌，以防液体局部温度过高，液滴飞溅。

待蒸发皿中出现较多固体时，停止加热。利用余热使水分蒸干。

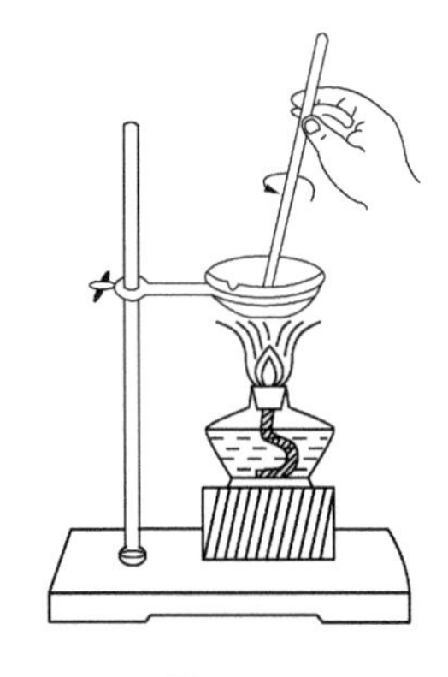

图 2.12

（2）蒸发使用的主要仪器：蒸发皿，玻璃棒，酒精灯，铁架台。

练一练

1. 蒸发操作时，怎样防止析出的晶体飞溅损失？
2. 下列各组混合物中，可以用过滤的方法进行分离的是（　　）
   A. 酒精中混有水
   B. 食盐中混有蔗糖
   C. 食盐中混有泥沙
   D. 铁粉中混有铜粉

第三节　实验室安全

在化学实验室学习，要熟悉并遵守实验室规则，注意安全。例如，进行加热时要防止烫伤，使用玻璃器皿时防止破损后划破皮肤，使用火源时防止着火等。

如果有意外发生，要保持冷静！并马上告诉老师。

图 2.13

读一读

实验	shíyàn	experiment
步骤	bùzhóu	procedure
故障	gùzhàng	breakdown
易挥发	yìhuīfā	volatile
易燃	yìrán	combustible
灼伤	zhuóshāng	burn
柠檬酸	níngméngsuān	citric acid
硼酸	péngsuān	boracic acid
凡士林	fánshìlín	vaseline
泡沫灭火剂	pàomò mièhuǒjì	foam extinguishing agent

学一学

（一）学生实验室规则

1. 实验前认真预习，做实验时按照实验步骤和方法进行，如实记录。

2. 认真操作，严格遵守操作规程。实验过程如发现故障，应立即报告，及时处理。

3. 实验完毕，把废液、废渣、废物倒在指定的容器内，及时清洗器皿并放回原处。

（二）实验室安全守则

1. 不能用手接触实验药品，不能将药品带出实验室。

2. 有毒、刺激性或有恶臭物质的实验，必须在通风橱中进行。

3. 易挥发、易燃物质的实验，必须远离火源，不能用明火。

4. 煤气灯应随点随用，火源与其他物品保持适当距离。若发现煤气泄漏，应立即关闭检查并报告指导教师。

5. 有毒药品不可倒入下水道，应统一回收处理。

6. 实验室内严禁饮食、吸烟。实验完毕，应洗净双手后，再离开实验室。

（三）实验室一般事故的处理

1. 烫伤：轻度烫伤，可用 90%～95%酒精或高锰酸钾稀溶液擦洗伤处，再涂以凡士林或烫伤油膏。若伤势较重，不要将水泡碰破，及时送医院治疗。

2. 割伤：应立即用药棉擦净伤口，然后涂上碘酒，再用纱布包扎。若伤口较大，出血较多，需扎止血带，送医院治疗。

3. 化学灼伤

(1) 强酸灼伤：立即用大量水冲洗，然后涂上碳酸氢钠油膏或凡士林。若溅入眼中，先用大量水冲洗，然后用饱和碳酸氢钠溶液冲洗，再用水清洗。

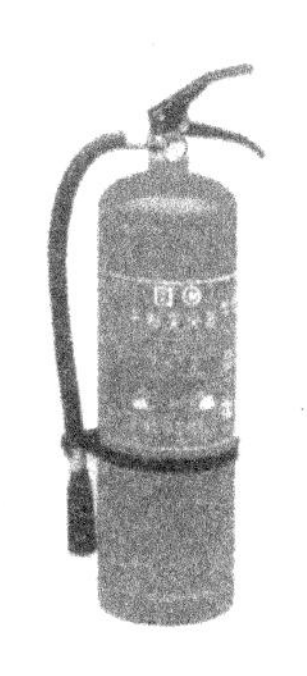

图 2.14

(2) 强碱灼伤：立即用大量水冲洗，然后用柠檬酸或硼酸饱和溶液冲洗，再涂上凡士林。若溅入眼中，用硼酸溶液冲洗，再用水清洗。

4. 起火

小火可用湿布、石棉布或砂子覆盖灭火；火势大时，使用泡沫灭火器。电器着火时，先切断电源，再用 CCl_4 或 CO_2 灭火器，绝不可用泡沫灭火器，以免触电。

【本章小结】

1. 本章应学会使用的化学仪器

试管（试管夹）、烧杯、量筒、托盘天平、蒸发皿、酒精灯、玻璃棒、漏斗

2. 本章应掌握的基本操作

取用液体、固体（块状或粉末）试剂、称量、溶解、搅拌、振荡、加热、过滤、蒸发

3. 粗盐提纯的实验步骤

粗盐提纯包括称量、溶解、过滤、蒸发、再次过滤、再称量等步骤。

4. 遵守实验室安全守则

化学实验室是进行化学实验、学习化学知识的重要场所。实验时要妥善放置化学药品和器材，并小心使用；还要初步学会各种轻微伤害的处理方法；切实遵守实验室安全守则。

第三章　化学的语言——元素
Chemical Language——Element

第一节　元素及元素符号

请你先说

在第一章我们已经学过了很多种物质，比如水、碳、食盐等等。那么这些物质又是由什么组成的呢?

读一读

元素	yuánsù	element
元素符号	yuánsù fúhào	symbols of element
人工合成	réngōng héchéng	artificial synthesis
样品	yàngpǐn	sample

（一）物质世界是由元素组成的

学一学

世界上的物质有 3000 多万种，这一数字还在不断地增加。但是，所有物质都是由最基本的成分——化学元素组成的。目前我们发现的元素只有 100 多种，其中：90 多种是在自然界中发现的，如碳元素、氧元素、氢元素等；其余的 20 多种是人工合成的元素。

物质的种类会变化，存在的形态也会变化，但是组成它的元素是不变的。因为元素间不同的结合方式，形成了形形色色不同的物质。

(二) 世界通用的化学语言：元素符号

学一学

为了方便，科学家们使用一个或两个拉丁字母来表示元素（第一个字母大写，第二个字母小写）。如氢元素用“H”表示，氧元素用“O”表示，铁元素用“Fe”来表示等等。这种表示元素的符号叫做元素符号（symbols of element）。表 3-1 列出常见元素的元素符号以及它们的中文名称。

表 3-1 常见元素的元素符号及它们的中文名称

元素名称	元素符号	元素名称	元素符号	元素名称	元素符号
qīng 氢	H	hài 氦	He	tàn 碳	C
dàn 氮	N	yǎng 氧	O	fú 氟	F
nà 钠	Na	měi 镁	Mg	lǚ 铝	Al
guī 硅	Si	lín 磷	P	liú 硫	S
lǜ 氯	Cl	jiǎ 钾	K	gài 钙	Ca
tiě 铁	Fe	tóng 铜	Cu	xīn 锌	Zn
xiù 溴	Br	yín 银	Ag	diǎn 碘	I
jīn 金	Au	gǒng 汞	Hg		

你知道吗？

吃这些食物可以补充什么元素呢？

niú nǎi
牛 奶

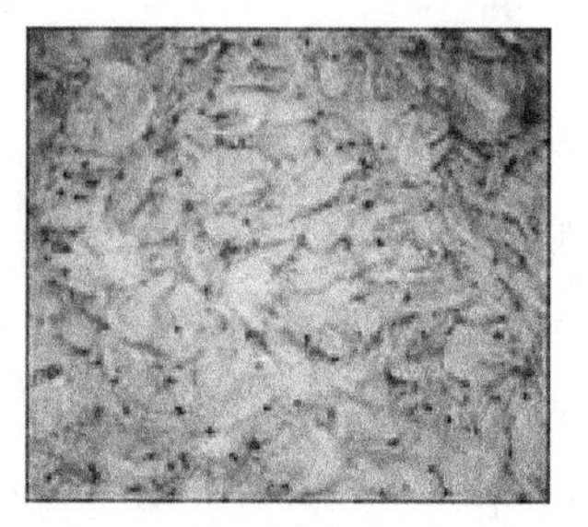

xiā pí
虾 皮

图 3.1

这些物质中都含有丰富的钙元素。牛奶中有钙，虾皮中有钙，这些钙都是同一种钙元素。

练一练

1. 阿波罗飞船从月球上带回的土壤样品，含有下面的一些元素。请你写出它们的元素符号：

   氧、硅、铁、铝、钠、钙、氢、镁

2. 连线题（将下列元素与其对应的元素符号和拼音用线连接起来）

A. 碳	① nà	a. N
B. 铝	② měi	b. Cl
C. 氧	③ lǚ	c. Na
D. 钠	④ lǜ	d. Al
E. 氮	⑤ gài	e. C
F. 镁	⑥ tàn	f. Mg
G. 钙	⑦ dàn	g. O
H. 氯	⑧ yǎng	h. Ca

（三）知识拓展：人体中的元素

学一学

人体是由 80 多种元素组成，按其在体内的含量不同，可分为常量元素和微量元素两大类。

1. 常量元素

常量元素共 11 种，它们的名称和含量如下表。

名称	含量/(%)	名称	含量/(%)	名称	含量/(%)
氧	65.00	钙	2.00	钠	0.15
碳	18.00	磷	1.00	氯	0.15
氢	10.00	硫	0.25	镁	0.05
氮	3.00	钾	0.35		

2. 微量元素

已被确认与人体健康和生命有关的必需的微量元素有 18 种，即有铁、铜、锌、钴、锰、铬、硒、碘、镍、氟、钼、钒、锡、硅、锶、硼、铷、砷等。一旦缺少了这些必需的微量元素，人体就会出现疾病，甚至危及生命。

（四）地壳中的元素

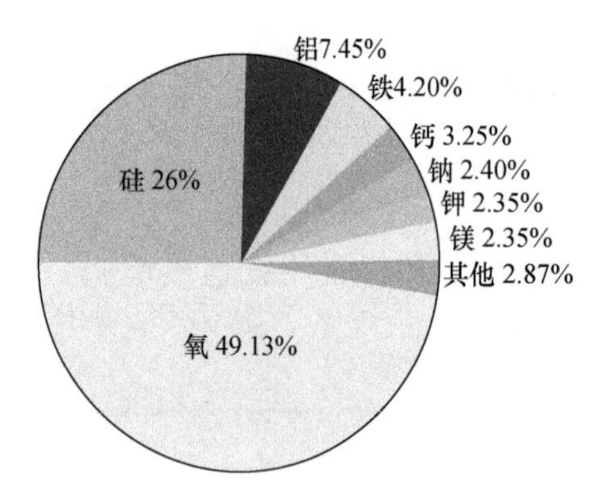

dì qiào zhōng zhǔ yào yuán sù hán liàng bǎi fēn bǐ
图 3.2 地壳中主要元素含量百分比

地壳（包括大气）中含量最丰富的元素是氧元素，几乎占地壳质量的一半。含量占第二位的是硅元素。奇妙的是，有些元素在地壳中含量很低，却十分重要。例如，碳元素约占地壳含量的0.027%，却是地球上一切生物的基础元素。如果没有碳，地球上的生物将不存在。

第二节　化学式和化学反应方程式

读一读

化学式	huàxuéshì	chemical formula
化合物	huàhéwù	compound
单质	dānzhì	elementary substance
化合态	huàhétài	combined
游离态	yóulítài	dissociated

（一）化 学 式

学一学

有了元素符号，再加上一些相应的数字，就可以表示物质的组成了。例如用 O_2 表示氧气，用 H_2O 表示水的组成，用 CO_2 表示二氧化碳的组成。这种用元素符号表示物质组成的式子叫做化学式（chemical formula）。

每种纯净物的组成是固定不变的，所以表示每种物质组成的化学式只有一个。

(二) 单质与化合物

学一学

有的物质是一种元素构成的，如氧气由氧元素组成，铁由铁元素组成，我们把这种由一种元素组成的纯净物叫做单质（elementary substance），氧气和铁属于单质。而水是由氢元素和氧元素组成，二氧化碳是由碳和氧元素组成的，这些由两种或者两种以上的元素组成的纯净物叫做化合物（compound）。在物质世界中，元素有游离态和化合态两种不同的存在形态，单质是元素的游离态，化合物是元素的化合态。例如，氧元素在氧气中以游离态存在，而在水中以化合态存在。

练一练

1. 下列物质中，属于单质的是（　　），属于化合物的是（　　）
   A. 空气　　　　B. 铁
   C. 水银　　　　D. 冰
2. 下列关于化合物的叙述中，正确的是（　　）
   A. 化合物不一定是指纯净物
   B. 化合物一定含有两种以上元素组成的物质
   C. 物质不是单质就一定是化合物
   D. 物质中含有几种元素就一定是化合物
3. 判断以下说法是否正确，在括号内填入“√”或“×”。
   A. 所有纯净的物质都叫单质　（　　）
   B. 含有两种元素以上的物质叫化合物　（　　）
   C. 由同种元素组成的物质一定是同一种单质　（　　）
4. 常温下，氧元素可以组成两种气体单质：氧气（O_2）和臭氧（O_3），将这两种气体混合，得到的气体属于（　　）
   A. 单质　　　　B. 混合物
   C. 化合物　　　D. 游离态

（三）化学式的写法

学一学

1. 单质的写法

大多数单质的化学式直接由它的元素符号来表示。如：

氦气——He，铁——Fe，铜——Cu，硫——S，磷——P

有部分单质的化学式需要写出所含原子的个数，如：

氮气——N_2，氢气——H_2，氧气——O_2

2. 化合物的写法

（1）先写出这种物质由哪些元素组成。

（2）这些元素的排列顺序规定为——首先是金属元素，然后是非金属元素，氧元素排在最后。

（3）再将每种元素的原子个数比用下角标的数字形式写在化学式中，如：

氯化钠的化学式——先写金属元素 Na，再写非金属元素 Cl，其中钠元素与氯元素的微粒个数比为 1∶1 可忽略不写，因此氯化钠的化学式为 NaCl。

练一练

1. 已知氯化钙中氯与钙原子的个数比为 2∶1，则氯化钙的化学式为（　　）

A. Cl_2Ca　　B. CaCl　　C. Ca_2Cl　　D. $CaCl_2$

2. 试把下列物质的化学式写在表中，并指出它是单质还是化合物（在相应处打"√"）。

物　质	化学式	判　断	
		单质	化合物
氧气			
水			
铁			
氧化镁			
氢气			

3. 指出氧元素在下列哪些物质中以游离态形式存在（　　）

A. O_2

B. $CaSO_4$

C. H_2O

D. O_3

（四）化学式的读法

学一学

一般从右向左读做“某化某”，有时还要读出化学式中各种元素的原子个数

（1）氧化物：如 HgO、SO_2、Fe_3O_4，读做“氧化某”，有时还要读出化学式中各种元素的原子个数，读做“几氧化几某”，如 Fe_3O_4 读做四氧化三铁。

（2）金属与非金属组成的化合物：如 $NaCl$、KCl、ZnS 读做“某化某”，如 ZnS 读做硫化锌。

读一读

化合价	huàhéjià	valence

（五）化 合 价

学一学

氧元素在氧气和水中，除了存在状态不同，它们的化合价也有所不同。什么是化合价呢？元素的化合价是元素的原子在形成化合物时，表现出来的一种化学性质。在单质中，元素的化合价均为零；在不同的化合物中，元素显示的化合价有所不同。

有关化合价，关注的要点是：

1. 化合价有正价和负价

（1）氧元素通常显－2 价，氢元素通常显＋1 价

（2）金属元素显正价，非金属元素显负价——即“金正，非负”

（3）一些元素在不同的物质里有不同的化合价

2. 在化合物里，正、负化合价的代数和为 0

3. 单质分子里，元素的化合价为 0

表 3-2 常见元素及原子团的化合价

元素和根的名称	元素和根的符号	常见的化合价	元素和根的名称	元素和根的符号	常见的化合价
钾	K	+1	氧	O	−2
钠	Na	+1	硫	S	−2，+4，+6
银	Ag	+1	碳	C	+2，+4
钙	Ca	+2	硅	Si	+4
镁	Mg	+2	氮	N	−3，+2，+4，+5
锌	Zn	+2	磷	P	−3，+3，+5
铜	Cu	+1，+2	硫酸根	SO_4^{2-}	−2
铁	Fe	+2，+3	碳酸根	CO_3^{2-}	−2
铝	Al	+3	硝酸根	NO_3^-	−1
锰	Mn	+2，+4，+6，+7	氢氧根	OH^-	−1
氢	H	+1	铵根	NH_4^+	+1
氯	Cl	−1，+1，+5，+7	磷酸根	PO_4^{3-}	−3

元素的化合价也可以通过口诀来记忆：

“一价钾钠银氯氢，二价氧钙镁钡锌，三铝四硅五氮磷，
记变价，也不难，二三铁，二四碳，
二、四、六硫都齐全，铜、汞二价最常见。”

练一练

1. 在题后的括号内标出下列物质中画线元素的化合价。

$\underline{O}_2$（ ） $H_2\underline{O}$（ ） $\underline{Na}Cl$（ ） $H_2\underline{S}$（ ）

2. 计算化合物中元素的化合价。

A. O_3 B. CO_2 C. $Ca(NO_3)_2$ D. P_2O_5

3. 在题后的括号内分别写出元素 Mn 在下列物质中的化合价，并按由高到低顺序排列（ ）

A. $KMnO_4$（ ） B. MnO_2（ ）

C. K_2MnO_4（ ） D. $MnSO_4$（ ）

（六）化学的语言描述化学反应：化学反应方程式

读一读

化学反应	huàxué fǎnyìng	chemical reaction
方程式	fāngchéngshì	equation

学一学

学习了化学式，我们就可以用化学的语言来描述一个化学反应。

如化学反应：氢氧化钠＋二氧化碳⟶碳酸钠＋水，用化学式表示则为：

$$NaOH + CO_2 \longrightarrow Na_2CO_3 + H_2O$$

我们把这种用化学式表示的化学反应称为化学反应方程式。元素符号、化学式及化学反应方程式已经成为国际通用的化学语言。

例：盐酸＋铁⟶氯化亚铁＋氢气，反应方程式为

$$HCl + Fe \longrightarrow FeCl_2 + H_2$$

氧化钠＋盐酸⟶氯化钠＋水，反应方程式为

$$NaCl + HCl \longrightarrow NaCl + H_2O$$

练一练

1. 把下列化学反应用反应方程式表示出来：

碳＋氧气⟶二氧化碳，反应方程式为

酒精＋氧气$\xrightarrow{点燃}$二氧化碳＋水，反应方程式为

氢氧化钠＋二氧化碳⟶碳酸钠＋水，反应方程式为

【本章小结】

1. 元素——物质世界是由元素组成的，元素以游离态与化合态两种方式存在。

2. 单质与化合物

	单质	化合物
定义	由同种元素组成的纯净物	由不同种元素组成的纯净物
实例	氧气、铁	水、二氧化碳

3. 每种元素都有各自的元素符号，用元素符号表示物质组成的叫做化学式。每种物质都有自己固定的化学式。

4. 用化学式表示的化学反应称为化学反应方程式。

第四章　构成物质的基本微粒

Principle Particles

第一节　分子和原子

说一说

如果把冰放大 1 亿倍，你能看到什么？

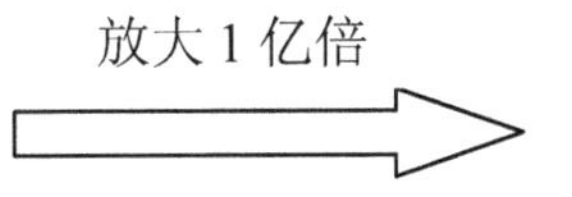

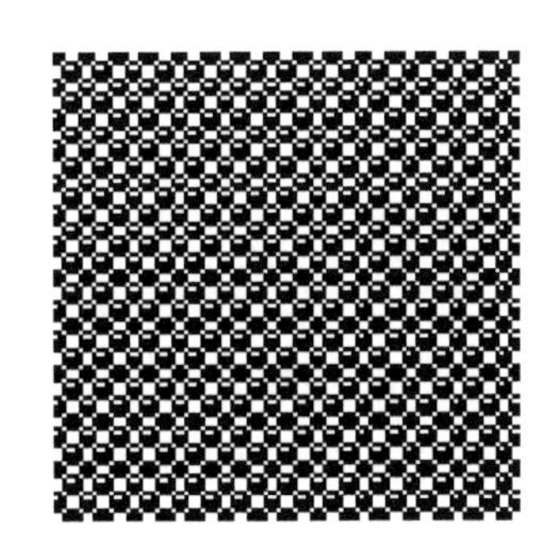

bīng
图 4.1　冰

wú shù gè jí qí wēi xiǎo de wēi lì
图 4.2　无 数 个 极 其 微 小 的 微 粒

读一读

微粒	wēilì	particle
分子	fēnzǐ	molecule
原子	yuánzǐ	atom
干冰	gānbīng	dry ice
构成	gòuchéng	constitute
甲烷	jiǎwán	methane

（一）分子和原子

学一学

物质都是由极其微小、肉眼看不到的微粒构成的，这些微粒有的叫做分子，有的叫做原子。分子和原子都是构成物质的基本微粒。例如：一烧杯水（约 70 mL）大约有 2.34×10^{24} 个水分子。

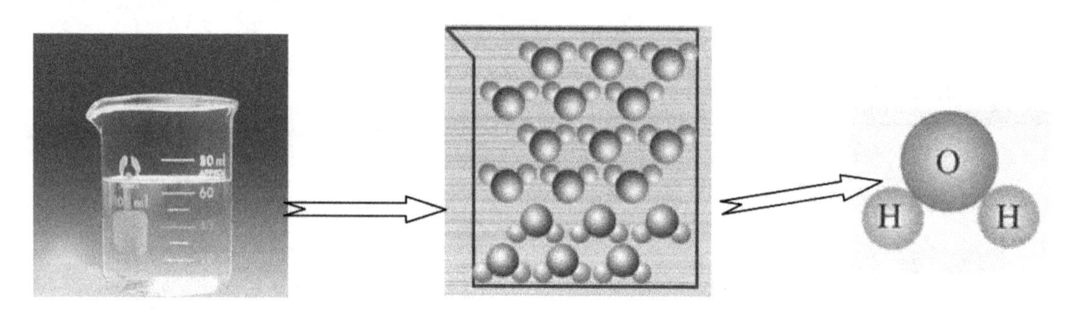

图 4.3 yì shāo bēi shuǐ 一烧杯水　　图 4.4 2.34×10^{24} gè shuǐ fēn zǐ 个水分子　　图 4.5 yí gè shuǐ fēn zǐ 一个水分子

干冰是由二氧化碳分子构成的，大量的二氧化碳分子聚集在一起就构成了干冰。由分子构成的物质还有：氧气、甲烷、氮气、硫酸等。

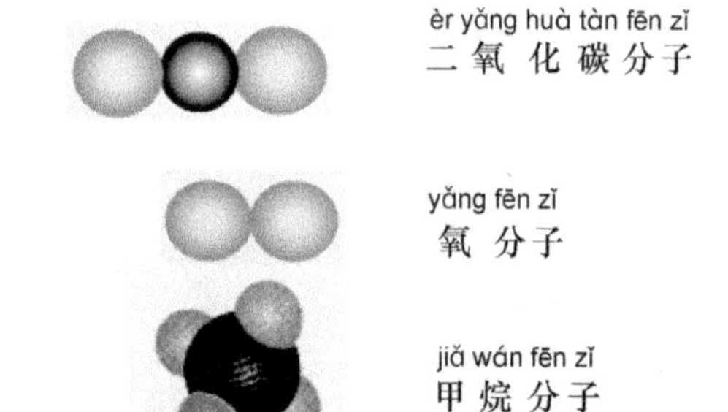

图 4.6 gān bīng 干冰　　图 4.7 fēn zǐ shì yóu yuán zǐ gòu chéng de 分子是由原子构成的

分子是由原子构成的，分子可以由同种原子构成，也可以由不同的原子构成。每一个水分子由 2 个氢原子和 1 个氧原子构成。同样，一个二氧化碳分子由 2 个氧原子和 1 个碳原子构成；一个氧分子由 2 个氧原子构成；一个甲烷分子由 1 个碳原子和 4 个氢原子构成。

图 4.8　金刚石（jīn gāng shí）

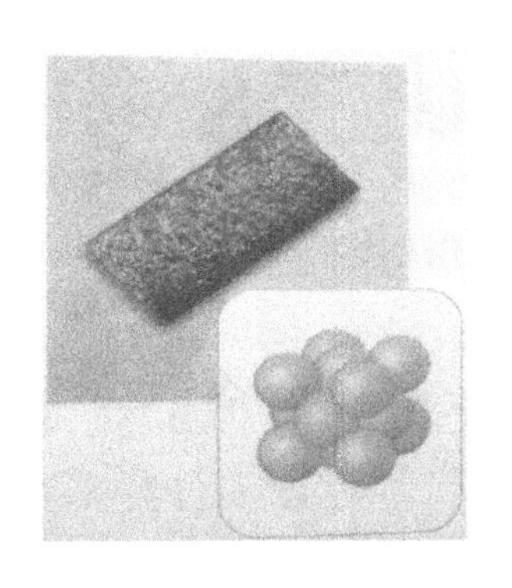

图 4.9　铜（tóng）

原子还可以直接构成物质。金刚石是由碳原子直接构成的，大量的碳原子按照一定的规律聚集在一起就构成了金刚石。由原子直接构成的物质还有：铜、铁等金属，硅、稀有气体等。

不同物质的性质不同，是因为构成物质的分子或原子不同。

练一练

1. 下列物质中直接由原子构成的是（　　）

   A. 水　　B. 干冰　　C. 氩气　　D. 氧气

2. 下列说法中，正确的是（　　）

   A. 所有物质都是由分子构成的

   B. 一个水分子是由两个氢元素和一个氧元素构成的

   C. 铁是由铁原子构成的

   D. 一个氧气分子是由两个氧原子组成的

（二）构成物质的微粒的特点

学一学

构成物质的分子和原子，其质量和体积都非常小。经测算，每个水分子的质量约为 2.99×10^{-26} kg，它的直径约为 4×10^{-10} m 。

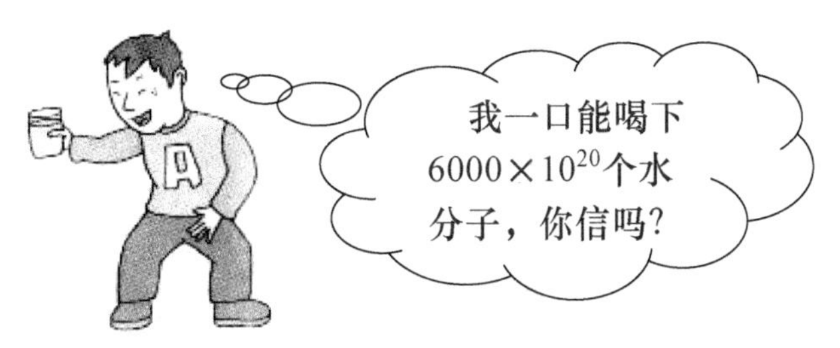

图 4.10

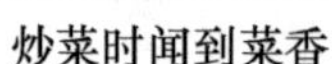
炒菜时闻到菜香

湿衣服晾干

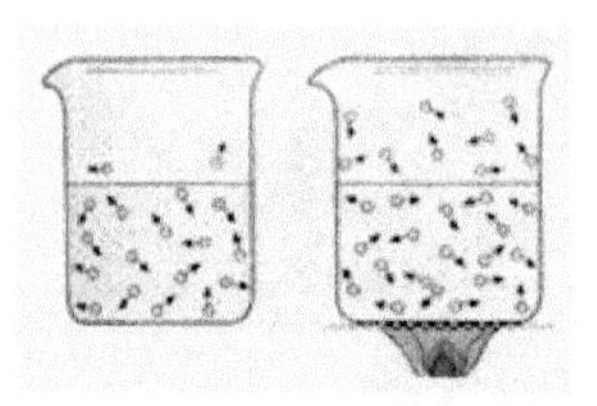
水在不同温度气化的速度不同

fēn zǐ zài wú xiū zhǐ de bù tíng de yùn dòng
图 4.11 分子在无休止地、不停地运动

图 4.11 的各个实验表明，构成物质的分子是在不停地、无休止地运动着的。直接构成物质的原子，也是在不停地运动着的。

qiān bǎn hé jīn bǎn cháng shí jiān yā zài yì qǐ huì xiāng hù shèn tòu
图 4.12 铅板和金板长时间压在一起会相互渗透

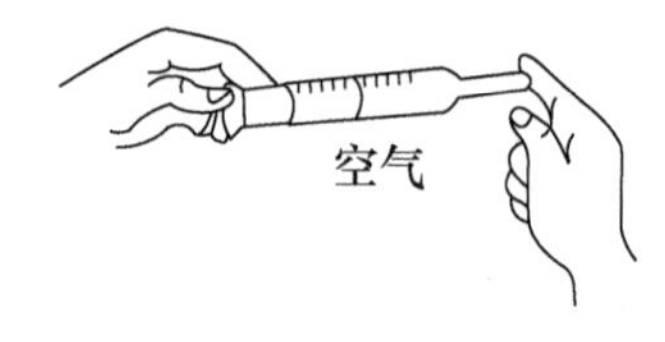

kōng qì kě yǐ bèi yā suō
图 4.13 空气可以被压缩

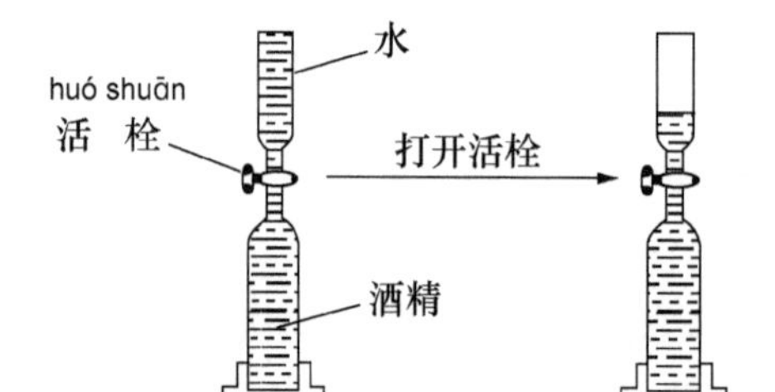

fēn zǐ yǔ fēn zǐ zhī jiān yǒu jiàn xì
图 4.14 分子与分子之间有间隙

图 4.14 的各个实验表明，构成物质的分子与分子之间有间隙。直接构成物质的原子之间也有空隙。

练一练

1. 平时人们喝茶时能够闻到各种茶的独特香味，原因之一是（　　）
   A. 分子的大小改变了　　　　B. 分子间有间隙

C. 分子在不停运动　　D. 分子变成了原子

2. 酒精的水溶液是一种常用的消毒剂，酒精（C_2H_5OH）由________种元素组成。1体积酒精与1体积水充分混合后，得到溶液的体积小于2，原因是____________________。

3. 从分子的角度看，冰雪融化主要是（　　）

A. 水分子的大小发生了变化　　B. 水分子间的距离发生了变化

C. 水分子的形状发生了变化　　D. 水分子的构成发生了变化

读一读

微观	wēiguān	microcosmic
宏观	hóngguān	macroscopy
电解	diànjiě	electrolysis
氩气	yàqì	argon

（三）物理变化和化学变化的微观解释

学一学

物质发生的物理变化和化学变化，可以从微观的角度加以解释。

1. 物理变化

物理变化的本质，是构成物质的分子本身没有改变，只是分子与分子之间的间隙变化了。

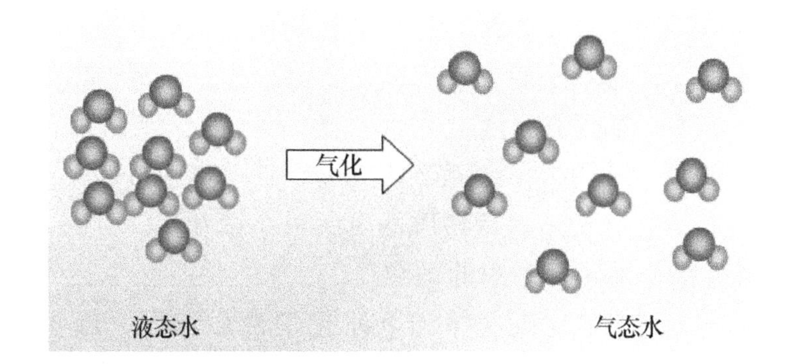

yè tài shuǐ de qì huà guò chéng

图4.15　液态水的气化过程

例如：液态水的气化是物理变化。从微观看，只是水分子与水分子之间的距离变大了，水分子本身并没有变成其他的新分子。所以，物理变化是没有新分子生成的变化。

2. 化学变化

化学变化的本质，是构成物质的分子发生了改变，变成了新的分子。

例如：将水通电进行电解，可以得到氧气和氢气。化学方程式表示如下：

$$2H_2O \xrightarrow{通电} 2H_2\uparrow + O_2\uparrow$$

从微观看，在通电时，水分子分解成了氢原子和氧原子，不再具有水的化学性质。原子重新结合，生成了氢分子和氧分子，分别具有了氢气的性质和氧气的性质。在整个化学变化中，原子不可再分。

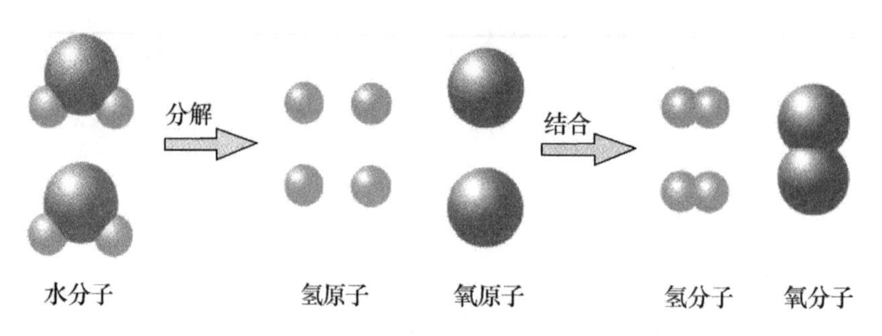

shuǐ diàn jiě de wēi guān biàn huà
图 4.16 水电解的微观变化

因此，分子是保持物质化学性质的基本微粒，而原子是化学变化中的最小微粒。化学变化是有新分子生成的变化。化学变化的实质，就是在化学反应中，分子分解成原子，原子重新组合，生成新的分子。

练一练

1. 关于 SO_2、SO_3、SiO_2 三种物质组成，正确的是（　　）

   A. 都含有硫元素　　　　B. 都含有氧元素

   C. 都含有氧气　　　　　D. 都含有硫单质

2. 下列叙述中，正确的是（　　）

   A. 分子是保持物质性质的最小微粒

   B. 原子是最小的微粒

   C. 二氧化碳气体和干冰化学性质相同，因为它们都是由同种分子构成的

   D. 原子是构成物质的基本微粒，分子不是

3. 在下列空格中分别填入“分子”或“原子”。

氧气是由许许多多氧____聚集而成；保持氧气化学性质的微粒是氧____，1个氧是由2个氧____构成；洒在地上的水干了，这是水____分散到空气中去的缘故。

第二节　原子结构和相对原子质量

说一说

原子的内部有什么？

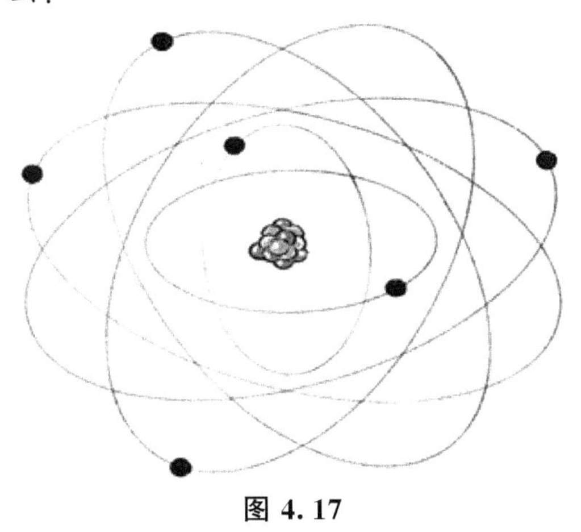

图 4.17

读一读

原子核	yuánzǐhé	atomic nucleus
质子	zhìzǐ	proton
中子	zhōngzǐ	netron
电子	diànzǐ	electron
电荷	diànhè	electric charge
电中性	diànzhōngxìng	electroneutrality
质量数	zhìliàngshù	mass number
同位素	tóngwèisù	isotope
核电荷数	hédiànhéshù	nuclear charge number
结构	jiégòu	structure

(一) 原子的内部结构

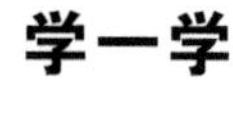

学一学

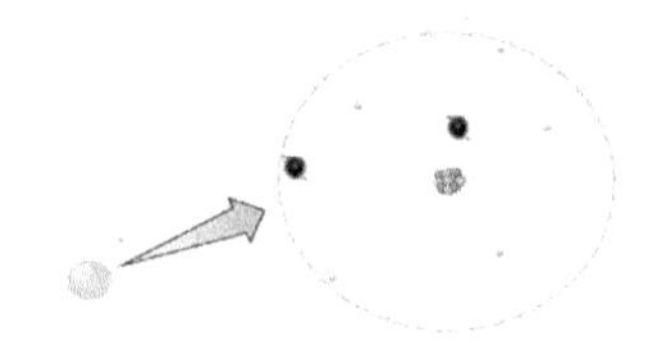

yuán zǐ hé fàng dà de yuán zǐ
图 4.18 原子和放大的原子

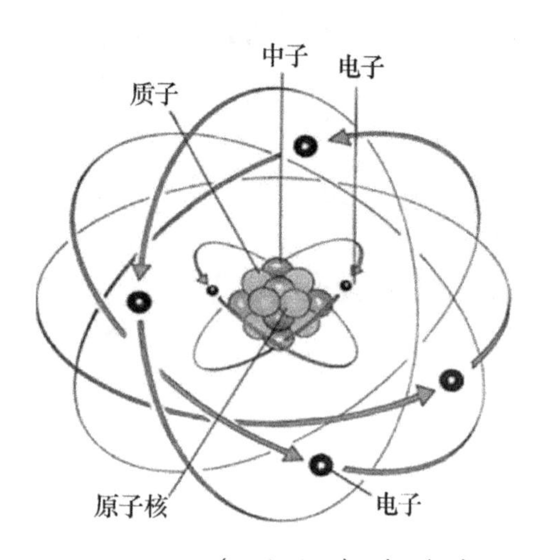

yuán zi de nèi bù jié gòu
图 4.19 原子的内部结构

原子是由位于原子中心的原子核和原子核外的电子构成的。原子的质量主要集中在原子核，但原子核的体积相对于原子来说非常小。原子核是由一定数目的质子和中子构成的。其中，每个质子带一个单位的正电荷，中子是电中性的。原子核外的电子，体积和质量都非常小，其质量约是质子的 1/1836。电子围绕着原子核在无规则地、高速地运转。每一个电子带一个单位的负电荷。

想一想

中子是电中性的，质子带正电，电子带负电。那原子显不显电性？

质子带正电和电子带负电，电性相反。质子的数目与电子的数目相等，它们所带电荷正好相互抵消，所以，原子是电中性的。

质子所带正电荷的总和叫做核电荷数，所以有：核电荷数＝质子数＝核外电子数。

下表是几种常见元素原子的质子数、中子数和电子数。对于每一种元素的原子，质子数与电子数总是相等的，但是质子数与中子数不一定相等。

原子种类	质子数	中子数	电子数
氢	1	0	1
碳	6	6	6
钠	11	12	11
镁	12	12	12
氯	17	18	17

(二) 质 量 数

学一学

下表是原子中各种微粒的质量和相对质量。

构成原子的粒子	电子	质子	中子
质量/kg	9.109×10^{-31}	1.673×10^{-27}	1.675×10^{-27}
相对质量	1/1836	1.007	1.008

各种微粒的质量非常小，使用起来非常不方便。而相对质量是个比值，质子和中子的相对质量都近似等于1，使用起来很方便。电子的质量只有质子质量的1/1836，对于整个原子来说，电子的质量可以忽略。相对质量是个没有单位的量。

把原子核内所有质子和中子的相对质量（均取为整数1）加起来，所得数值叫做质量数。

如果用A表示质量数，用Z表示质子数，用N表示中子数，则有：

$$质量数(A)=质子数(Z)+中子数(N)$$

$$原子({}_{Z}^{A}X)\begin{cases}原子核\begin{cases}质子 \quad Z个\\中子 \quad (A-Z)个\end{cases}\\核外电子 \quad Z个\end{cases}$$

${}_{N}^{A}X$的含义是：代表一个质量数为A、质子数为Z的原子。

练一练

1. 在原子${}_{30}^{65}Zn$中（　　）

A. 有65个中子、30个质子和30个电子

B. 有 35 个中子、65 个质子和 30 个电子

C. 它的质量数是 95

D. 有 35 个中子、30 个质子和 30 个电子

2. 某元素二价阴离子的核外有 18 个电子，质量数为 32，该元素原子的原子核中的中子数为（　　）

A. 12　　B. 14　　C. 16　　D. 18

3. 在下列关于原子结构的说法中，错误的是（　　）

A. 核电荷数一定等于质子数

B. 相对原子质量约等于质子数和中子数之和

C. 质子数一定不等于中子数

D. 一般来说，原子是由质子、中子和电子构成

（三）同 位 素

学一学

在第二章的内容中我们介绍了元素。从微观的角度来说，元素就是具有相同核电荷数（质子数）的一类原子的总称。元素种类由质子数确定，如质子数为 1 的是氢元素，而质子数为 8 的是氧元素。

同位素（isotope）是核电荷数（质子数）相同但中子数不同的同类元素的不同原子，如氢元素有三种同位素：氕（$^{1}_{1}H$）、氘（$^{2}_{1}H$）、氚（$^{3}_{1}H$）是氢的同位素，它们的质子数都为 1，所以都是氢元素，但中子数却不相同。

（四）相对原子质量

学一学

下表是常见原子的实际质量：

原子	氢原子	氧原子	碳原子
一个原子的质量/kg	1.674×10^{-27}	2.656×10^{-26}	1.993×10^{-26}

由于原子的质量非常小，在化学计算中使用起来很不方便，就采用了相对原子质量的概念。相对原子质量又叫做原子量，是以质子数和中子数都是 6 的

碳原子（碳-12）的质量的1/12（约1.66×10^{-27}kg）作为标准，其他的原子的质量跟它的比值。

计算公式为：

$$某原子的原子量=\frac{某原子的实际质量}{碳原子的实际质量\times1/12}$$

例如：氧原子的原子量 $=\dfrac{2.656\times10^{26}}{1.993\times10^{26}\times1/12}\approx16$。

同种元素的天然同位素含量不同，元素的原子量是各同位素的相对原子量按比例累加得到的，所以元素的原子量很多时候不是整数。

元素的原子量＝各同位素的质量数与相对比例乘积之和

练一练

1. 在下列说法中，正确的是（　　）
   A. 所有碳原子的质量都相同
   B. 相对原子质量只是一个比，没有单位
   C. 相对原子质量以碳原子质量的十二分之一作为标准
   D. 质子和中子的质量大约相等，都约等于一个氢原子的质量
2. 填表，并说明编号为（3）、（4）的原子是什么关系？

编号	原子	核电荷数	质子数	中子数
（1）	$^{12}_{6}C$			
（2）			10	12
（3）	$^{63}_{29}Cu$	29		
（4）			29	36

3. 下列说法中，正确的是（　　）
   A. 原子的质量叫做相对原子质量
   B. 同种原子，它们的质子数相同，中子数也相同
   C. 元素的相对质量就是原子的相对质量
   D. 同种元素的原子，它们的中子数可能不相同
4. 下列说法中，正确的是（　　）
   A. 氮原子的质量就是氮的相对原子质量
   B. 一个碳原子的质量是12 g

C. 碳（^{12}C）原子的相对原子质量是 12

D. 同位素的相对原子质量是相同的

第三节　原子核外电子排布规律

说一说

电子在原子内有相对“广阔”的运动空间，在这相对“广阔”的空间里，电子怎样运动呢？有规律吗？

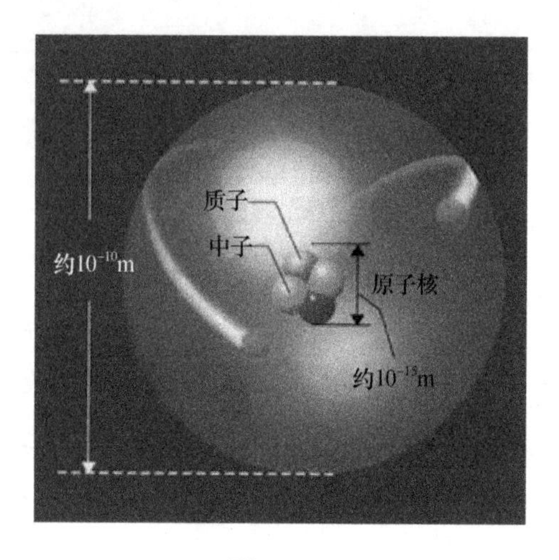

图 4.20

读一读

电子层	diànzǐcéng	electron shell
能量最低原理	néngliàng zuìdī yuánlǐ	principle of lowest energy
电子排布	diànzǐ páibù	electron configuration
稳定结构	wěndìng jiégòu	stable structure
核电荷数	hédiànhéshù	nuclear charge

（一）电 子 层

学一学

在多电子的原子里，原子核外所有的电子不是在同一个区域内运动的。在不同区域上运动的电子的能量也不相同。能量低的电子通常在离原子核近的区域运动，能量高的电子通常在离原子核远的区域运动。我们把核外电子运动的不同区域看做是不同的电子层。

目前人们把原子核外分为七个电子层，即第 1、2、3、4、5、6、7 电子层，分别用符号 K、L、M、N、O、P、Q 表示。而各电子层上运动着的电子的能量是不同的，即电子的能量不同。第一层的电子离原子核最近，能量最低，而第七层的电子离原子核最远，能量最高。

电子层数	1	2	3	4	5	6	7
电子层符号	K	L	M	N	O	P	Q
电子层离核远近	近→远						
电子层上电子能量高低	低→高						

（二）原子核外电子排布规律

学一学

原子核外电子的排布有以下一些规律，可以归纳为：“一低三不超”，即：

（1）核外电子总是尽量先排布在能量较低的电子层，然后从里向外，依次排布在能量逐渐升高的电子层（又称能量最低原理）。

（2）原子核外各电子层电子数最多不超过 $2n^2$ 个（此处 n 为电子层的数目）。

（3）原子最外层电子数不能超过 8 个电子（若 K 层作为最外层时，不得超过 2 个）

核电荷数	元素名称	元素符号	K层	L层	M层	N层	O层	P层
2	氦	He	2					
10	氖	Ne	2	8				
18	氩	Ar	2	8	8			
36	氪	Kr	2	8	18	8		
54	氙	Xe	2	8	18	18	8	
86	氡	Rn	2	8	18	32	18	8

当最外层电子数达到 8（K 层为 2 个），就达到稀有气体的稳定结构。稀有气体元素各层均达饱和，都是稳定电子层结构。

（4）次外层不超过 18 个（K 层是最外层时，不超过 2 个）。

核电荷数	元素名称	元素符号	K层	L层	M层	N层	O层	P层
2	氦	He	2					
10	氖	Ne	2	8				
18	氩	Ar	2	8	8			
36	氪	Kr	2	8	18	8		
54	氙	Xe	2	8	18	18	8	
86	氡	Rn	2	8	18	32	18	8

上述规律，在应用时不得孤立使用。

练一练

1. Ca 的核电荷数为 20，按照核外电子的排布规律，Ca 核外有________个电子层，最外层的电子数是________个。
2. 已知某元素的核外有三个电子层，最外层的电子数为 7，则此元素是（　　）

   A. Cl　　　　B. Br

   C. Si　　　　D. P

（三）原子结构示意图

学一学

为了形象地表示原子的结构，人们就创造了“原子结构示意图”这种特殊的图形。

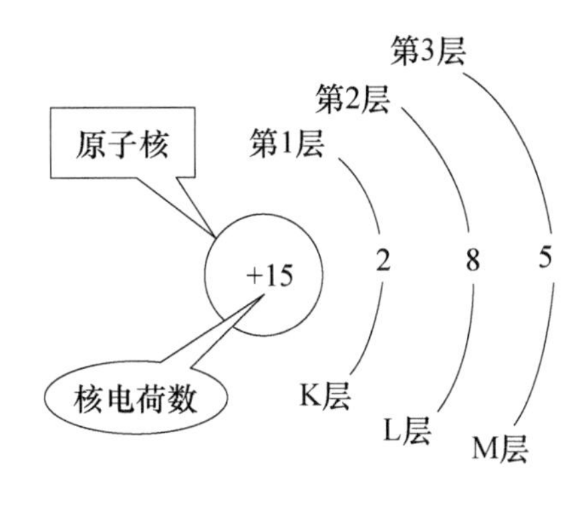

图 4.21

在原子结构示意图中，圆圈表示原子核，圆圈中的数字表示核电核数（质子数），弧形表示电子层，弧形上的数字表示该层的电子数。画图时，先画圆圈，在圆圈里标上“＋”号和核电荷数，然后再根据核外电子排布规律，逐个写出各电子层上的电子数。

以下是 1～18 号元素的原子结构示意图：

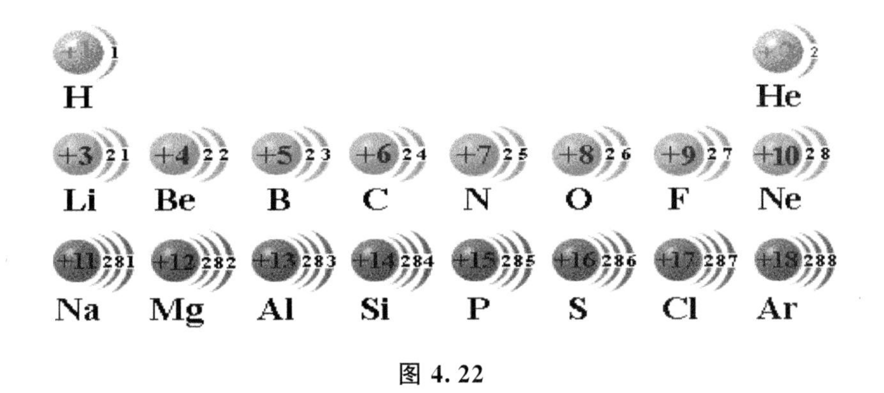

图 4.22

练一练

1. 画出 Li、Na、K 三个元素的原子结构示意图，并指出它们之间的异同。
2. 写出下列微粒的结构示意图：

原　子			阴离子		阳离子	
O	B	Mg	F^-	O^{2-}	Na^+	Li^+

读一读

正电荷	zhèngdiànhè	positive charge
负电荷	fùdiànhè	negative charge
离子	lízǐ	ion
阴离子	yīnlízǐ	anion
阳离子	yánglízǐ	cation

（四）电子式、离子

学一学

由于在化学反应中，一般是原子的最外层电子发生变化，为了简便起见，我们可以在元素符号周围用小黑点（或×）来形象地表示原子的最外层电子。这种式子叫做电子式。例如：

$$\mathrm{H}\cdot \quad :\underset{\cdot\cdot}{\ddot{\mathrm{Cl}}}\cdot \quad \cdot\underset{\cdot\cdot}{\ddot{\mathrm{O}}}\cdot \quad \mathrm{Na}\cdot \quad \cdot\mathrm{Mg}\cdot \quad \cdot\mathrm{Ca}\cdot$$

氢原子　氯原子　氧原子　钠原子　镁原子　钙原子

在化学反应中，金属元素原子失去最外层电子，非金属原子得到电子，从而使参加反应的原子或原子团带上电荷。原子失去或得到一个或几个电子后，达到最外层电子数为 8 个的稳定结构，叫做离子。例如钠原子失去一个电子后，就会带一个单位的正电荷，写做 Na^{+}，叫做钠离子，；氧原子得到 2 个电子后，就会带两个单位的负电荷，写做 O^{2-}，叫做氧离子。因此离子是带电荷的原子。

带正电荷的原子叫做阳离子，例如 Na^{+}、Mg^{2+}、Al^{3+} 等。阳离子的电子式用阳离子符号表示，即：Na^{+}、Mg^{2+}、Al^{3+}。带负电荷的原子叫做阴离子，例如 O^{2-}、Cl^{-} 等，阴离子的电子式表示为：$[\times\underset{\cdot\cdot}{\ddot{\mathrm{O}}}\times]^{2-}$ $[\times\underset{\cdot\cdot}{\ddot{\mathrm{Cl}}}:]^{-}$。阴离子的电子式在书写时不但要画出最外层电子数，而且还要用中括号“[ ]”括起来，并在右上角标出所带电荷。

与分子、原子一样，离子也是构成物质的基本微粒。如氯化钠就是由氯离子和钠离子构成的。

离子结构可以用离子结构示意图表示：

例如：Cl^-　　Na^+

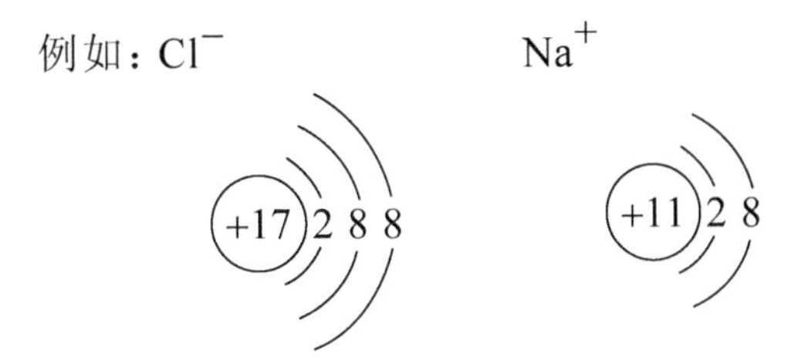

图 4.23　离子结构（lí zǐ jié gòu）

练一练

1. 下列粒子中，表示阴离子的是（　　）

(+2) 2　(A)　　(+9) 2 8　(B)　　(+10) 2 8　(C)　　(+18) 2 8 8　(D)

2. 写出下列结构各表示什么粒子？

(+14) 2 ______；(+7) 2 5 ______；(+9) 2 8 ______；

(+11) 2 8 ______；(+13) 2 8 ______；(+17) 2 8 8 ______

3. 原子与离子的区别在于（　　）
   A. 原子能构成物质，离子不能构成物质
   B. 原子在化学变化中不能再分，离子在化学变化中一定能再分
   C. 原子不显电性，离子显电性
   D. 原子的电子数少，离子的电子数多

4. 下列关于 Fe^{2+}、Fe^{3+}、Fe 三种粒子的说法中，错误的是（　　）
   A. 它们属于同位素
   B. 它们属于同种元素
   C. 它们的质子数都相同
   D. 它们不是同一种微粒

第四节 物质的量

说一说

你知道一滴水（约为 0.05 mL）中有多少个水分子吗？

一滴水中所含的水分子数大约有 16 万 7 千亿亿个，如果让 10 亿人去数，每人每分钟数 100 个，日夜不停地数，需要 3 万年才能数完。

（一）物质的量

学一学

微观粒子的数量很大时，我们习惯采用“集体”的观点，把大量的微观粒子看成一个整体，一个集合，数起来就会方便。那么，选择多少个微观粒子作为一个集体合适呢？

为了使用的方便，我们选择 0.012 kg ^{12}C 所含的原子数目作为这个集合的基准，其数值的近似值为 6.02×10^{23} 个。把这个集合叫做 1 摩尔，或者写做 1 mol。即 1 mol 任何微观粒子的粒子数为 6.02×10^{23} 个。

摩尔是物理量“物质的量”的单位。物质的量是表示含有一定数目粒子的集合体的一个物理量，用符号 n 表示。物质的量跟长度、质量等一样，是国际单位制中七个基本物理量之一。物质的量的单位是摩尔，用 mol 表示。

练一练

1. 1 mol H_2 约含有氢分子数________个；2 mol H_2SO_4 约含有硫酸分子________个；12.04×10^{23} 个水分子物质的量为________ mol。
2. 3 mol H_2O 约含有__________个 H_2O 分子，其中含有__________个氢原子和__________个氧原子。
3. 下列说法中，正确的是（　　）

   A. 摩尔是物理量之一

   B. 摩尔是表示物质的质量的单位

C. 1 mol 氧、1 mol 苹果

D. 1 mol H_2O 中含有 1 mol H_2 和 1 mol O

4. 下列哪种物质所含原子数目与 0.2 mol H_3PO_4 所含有的原子数相等（　　）

A. 0.4 mol H_2O_2　　B. 0.2 mol H_2SO_4

C. 0.8 mol NaCl　　D. 0.3 mol HNO_3

5. 在一定量的 Na_2CO_3 中，碳原子和氧原子的物质的量之比为（　　）

A. 1∶1　　B. 1∶3　　C. 3∶1　　D. 2∶3

（二）摩尔质量

学一学

1 mol 的碳含 6.02×10^{23} 个 C 原子，其质量是 12 g；而 1 mol 的氧原子含 6.02×10^{23} 个 O 原子，其质量为 16 g。不同物质的微粒数一样，但是质量却不一样。那么，1 mol 物质所含微粒的质量有什么规律？

1 mol 任何粒子或物质的质量以 g“克”为单位时，在数值上都与该粒子的相对原子质量或物质的相对分子质量相等。例如：H_2SO_4 的相对分子质量是 98，那么 1 mol H_2SO_4 的质量就是 98 g。

我们把单位物质的量的物质所具有的质量叫做摩尔质量，用符号 M 表示，单位：g/mol 或 $g\cdot mol^{-1}$。例如：1 mol H_2O 的质量是 18 g，则 H_2O 的摩尔质量是 18 g/mol；1 mol NaCl 的质量是 58.5 g，则 NaCl 的摩尔质量是58.5 g/mol。

有了摩尔质量后，可以方便地实现物质的量和物质的质量之间的转换：

$$n=\frac{m}{M}$$

其中，n 表示物质的量，m 表示物质的质量，M 表示物质的摩尔质量。

练一练

1. 下列说法中，正确的是（　　）

A. 1 mol O 的质量是 32 g/mol

B. OH^- 的摩尔质量是 17 g

C. 1 mol H_2O 的质量是 18 g/mol

D. CO_2 的摩尔质量是 44 g/mol

2. 下列物质中，摩尔质量最大的是（　　）

A. 10 mL H_2O

B. 0.8 mol H_2SO_4

C. 54 g Al

D. 1 g $CaCO_3$

3. 如果杯子里有 54 g 水，你能算出它含有的的水分子个数吗？

4. 49 g H_2SO_4 的物质的量是多少？

【本章小结】

1. 物质都是由极其微小、肉眼看不到的分子、原子、或者离子等微粒构成的。这些微粒质量和体积都非常小，并且在不停地运动着，这些微粒间是有间隙的。

2. 分子是保持物质化学性质的基本微粒；原子是化学变化中的最小微粒。

3. 原子结构

- 分子 - 原子 molecule atom
  - 原子核 atom nucleus（带正电荷）
    - 质子（带正电荷） proton
    - 中子（电中性） neutron
  - 电子/核外电子（带负电荷） electron

4. 因为原子的质量非常小，使用起来很不方便，在实际应用中采用相对原子质量或者质量数进行相关的计算。

相对原子质量：

$$\text{某原子的原子量} = \frac{\text{某原子的实际质量}}{\text{碳原子的实际质量} \times 1/12}$$

5. 电子在原子核外是分层排布的，排布的规律遵循“一低三不超”的规则。

6. 原子得到或失去电子时，形成了离子，如图所示：

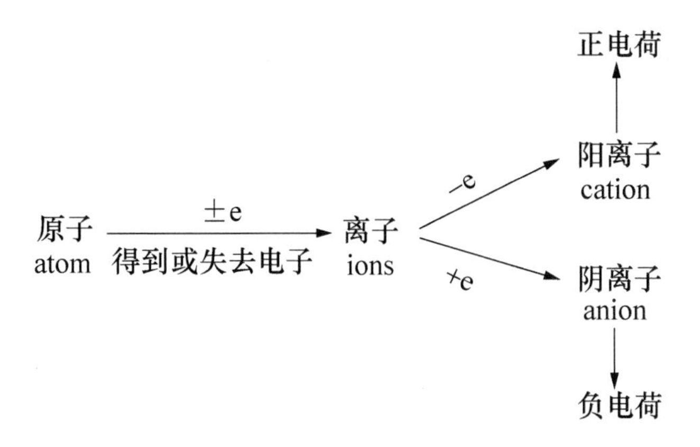

7. 物质的量（n）

物质的量 n 是七个基本物理量之一，是联系微观粒子和宏观物质的桥梁。

$$\text{物质的量 } n = \frac{\text{物质的质量 } m}{\text{物质的摩尔质量 } M}$$

第五章　化学键与晶体结构
Chemical Bond and Crystal Structure

说一说

我们已经知道，分子、原子、离子是构成物质的基本微粒。那么，这些微粒是怎样构成物质的呢？

其实，这些微粒之间是由相互之间的作用力结合在一起的。这些作用力包括两种，一种是分子间的作用力，又叫做范德华力；另一种是化学键，是原子或者离子相结合的作用力。化学键主要包括离子键和共价键。

第一节　离子键与离子晶体

读一读

结合	jiéhé	combine
煤油	méiyóu	kerosene
静电	jìngdiàn	static electricity
吸引	xīyǐn	attract
排斥	páichì	repel
离子键	lízǐjiàn	ionic bond
晶体	jīngtǐ	crystal
活泼金属	huópō jīnshǔ	active metal
活泼非金属	huópō fēijīnshǔ	active nonmetal

(一) 离 子 键

学一学

我们的生活中离不开食盐，食盐就是氯化钠，它是由钠和氯两种元素组成的，那么，钠和氯是如何形成氯化钠的？是什么作用使得 Na^+ 和 Cl^- 紧密地结合在一起的？

【实验】金属钠与氯气反应的实验：

取豆粒大的金属钠，用滤纸吸净表面的煤油，放在石棉网上，用酒精灯微热，钠熔成球状。然后将盛有氯气的集气瓶倒扣在钠的上方。可以看到钠在氯气中剧烈燃烧，生成黄色火焰，产生白烟。白烟就是氯化钠的固体小颗粒，叫做氯化钠晶体。

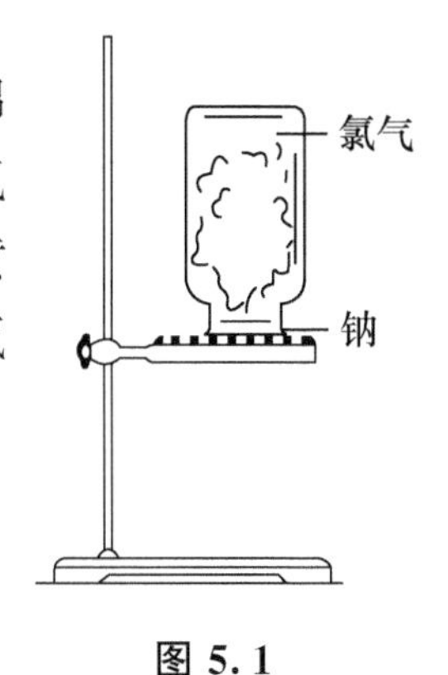

图 5.1

该反应的化学方程式为：

$$Na + Cl_2 \xrightarrow{\text{点燃}} 2NaCl$$

用原子结构示意图表示 NaCl 的形成过程：

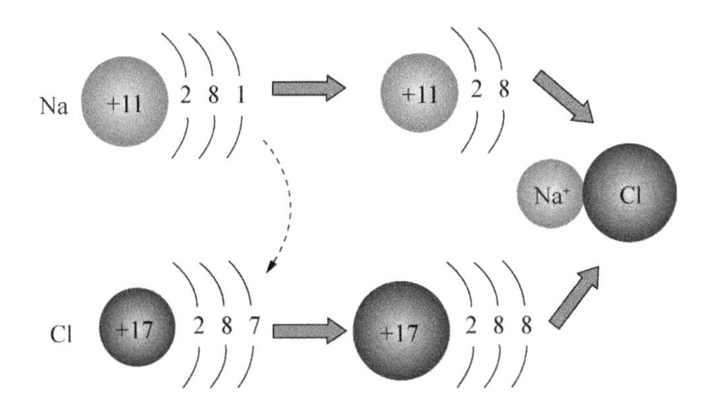

图 5.2

用电子式可以形象地表示 NaCl 的形成过程：

$$Na^{\times} + \cdot\ddot{\underset{\cdot\cdot}{Cl}}: \longrightarrow Na^+[\overset{\times}{\cdot}\ddot{\underset{\cdot\cdot}{Cl}}:]^-$$

在反应过程中，钠原子失去最外层的一个电子变成 Na^+ 达到 8 电子稳定结构，氯原子得一个电子变成 Cl^- 也达到 8 电子稳定结构。Na^+ 带正电荷、Cl^- 带负电荷，它们所带电荷电性相反相互吸引而靠近。同时 Na^+ 与 Cl^- 的原子核都带正电荷而排斥，原子核外的电子与电子之间都带负电荷也相互排斥，所以

Na^+与Cl^-两者要相互远离。当Na^+与Cl^-接近到一定的距离时静电吸引作用和静电排斥作用达到平衡，于是就形成了稳定的相互作用力，这种稳定的作用力叫做离子键。也就是说Na^+与Cl^-是靠离子键结合在一起的。大多数金属元素和非金属元素在组成物质时，都是由相应的离子以离子键结合而形成的。

易形成阳离子的元素（活泼金属元素）与易形成阴离子的元素（活泼非金属元素）相化合时可形成离子键。例如：MgO、K_2S、$CaCl_2$等。

NH_4^+、CO_3^{2-}、SO_4^{2-}等原子团也能与活泼的非金属形成离子键，例如：NH_4Cl、$NaSO_4$等。强碱与大多数盐都存在离子键。

由离子键形成的化合物叫做离子化合物，固态叫做离子晶体。

读一读

无定形	wúdìngxíng	amorphous
周期性	zhōuqīxìng	periodicity

（二）晶体和离子晶体

学一学

固态物质分为晶体和非晶态物质（无定形固体）。以下是常见的晶体：

图 5.3

晶体是其构成的微粒呈现周期性重复排列的固体。晶体拥有整齐规则的几何外形；晶体拥有固定的熔点，在熔化过程中，温度始终保持不变。而无定形固体不具有上述特点。

离子晶体是由阳离子和阴离子通过离子键结合而成的晶体。例如NaCl晶体：

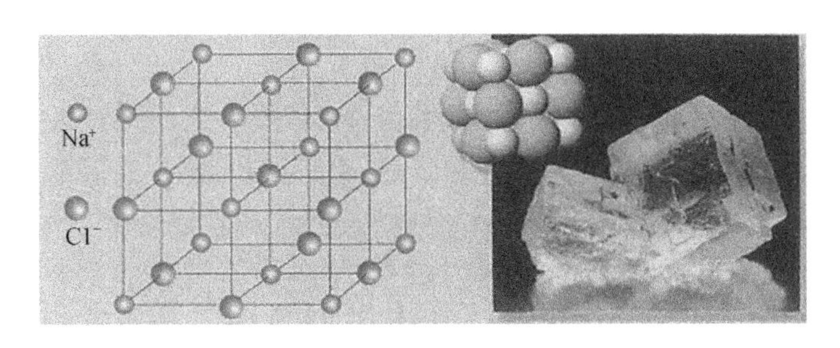

图 5.4

离子晶体的性质：离子晶体具有熔点、沸点较高，硬度较大，难挥发、难压缩的特点。离子晶体在熔融状态和水溶液中都能导电。

练一练

1. 下列物质中，属于离子化合物的是（　　）

A. He　　B. H_2O

C. H_2　　D. $BaCl_2$

第二节　共价键、原子晶体和分子晶体

读一读

共价键	gòngjiàjiàn	covalent bond
爆炸	bàozhà	explosion
共用电子对	gòngyòng diànzǐduì	shared pair of electrons
极性共价键	jíxìng gòngjiàjiàn	polar covalent bond
非极性共价键	fēijíxìng gòngjiàjiàn	non-polar covalent bond

（一）共价键

学一学

【实验】纯净的氢气可以在氯气中安静地燃烧，发出苍白色火焰，放出大

量的热，瓶口冒白雾；氢气和氯气的混合气遇强光照射会发生爆炸。生成的气体 HCl 有刺激性气味，极易溶于水，遇空气中水蒸气，呈现白雾。相应的化学方程式为：

$$H_2+Cl_2 \xrightarrow{\text{点燃或光照}} 2HCl$$

在反应过程中，氢原子和氯原子在形成 HCl 时，是不能以离子键相结合的，这是因为氢原子和氯原子都是非金属元素的原子，而非金属元素的原子都有获得电子的倾向。那么，氢原子和氯原子是通过什么方式结合成 HCl 的呢？

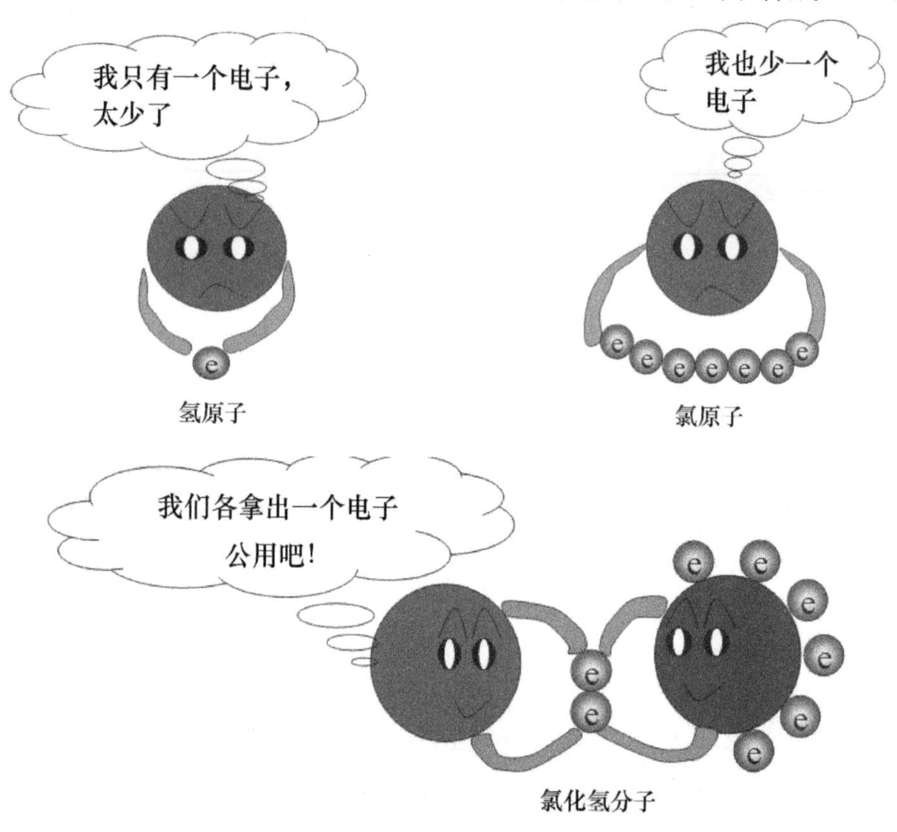

图 5.5

原子与原子之间通过共用电子对所形成的相互作用，叫做共价键。一对公用电子对称为一个共价键，氢原子和氯原子正是通过一个共价键形成了氯化氢分子。Cl_2、H_2O、NH_3、CO_2 的分子中的原子之间都是以共价键结合的。

用电子式可以形象地表示 HCl 的形成过程，即

$$H\times + \cdot\overset{\cdot\cdot}{\underset{\cdot\cdot}{Cl}}: \longrightarrow H\overset{\cdot}{\times}\overset{\cdot\cdot}{\underset{\cdot\cdot}{Cl}}:$$

共价键分为极性共价键和非极性共价键：同种非金属元素的原子之间以非极性共价键相结合，例如：Cl_2、O_2、H_2 等；而不同种非金属元素的原子之间

以极性共价键相结合，例如：HCl、H_2O、NH_3 等。分子就是原子与原子之间通过共价键构成的。而离子键不能构成分子，只能直接构成物质，即能直接构成离子晶体。因此没有单个的 NaCl 分子，但是有单个的 HCl 分子。

共价键不仅能构成单个的分子，也能直接构成物质，这样的物质称为原子晶体。如：金刚石等。

练一练

1. 下列分子中，具有极性共价键的是（　　）

   A. NaCl　　B. HCl

   C. N_2　　D. He

2. 下列物质中，存在离子键的是（　　）

   A. Ar　　B. H_2O

   C. O_2　　D. NaBr

3. 判断下列化合物中各存在什么化学键？

   CaO，　CO，　Al_2O_3，　CuO，　NaCl，　MgBr

（二）原子晶体

学一学

原子晶体是相邻的原子之间以共价键相结合而形成立体网状结构的晶体。例如：金刚石就是由碳原子之间以共价键相连而形成的立体网状结构；而二氧化硅是由硅原子和氧原子之间以共价键相连而形成的立体网状结构。

jīn gāng shí
金 刚 石

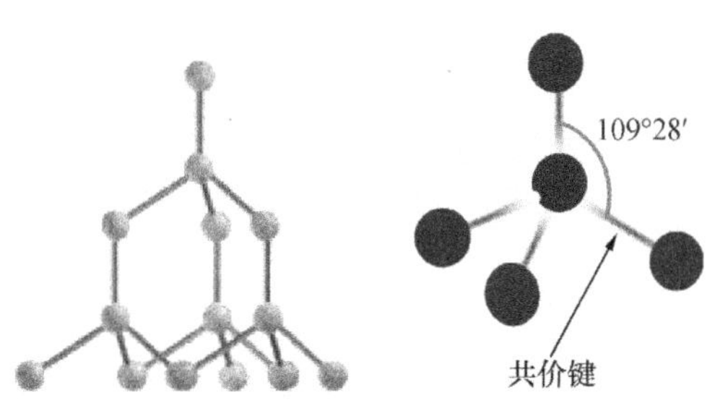

图 5.6

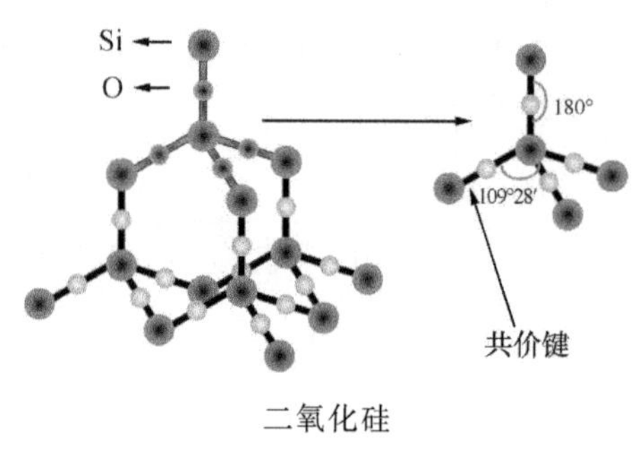

二氧化硅

图 5.7

原子晶体的性质：原子晶体的熔点和沸点高、硬度大、一般不导电，并且难溶于一些常见的溶剂。

练一练

判断下列物质熔沸点的高低，按从小到大的顺序排列在题后的括号中，并说明原因：

A. 食盐　　B. 干冰　　C. 金刚石　　　　（　　）

读一读

分子间作用力	fēnzǐjiān zuòyònglì	intermolecular forces
资源	zīyuán	resource
凝聚	níngjù	agglomeration
静电作用	jìngdiàn zuòyòng	electrostatic interactions

（三）分子间作用力和分子晶体

学一学

分子是原子由共价键结合而成的，那么分子是如何构成物质的呢？

分子与分子之间存在着一种能把分子聚集在一起的作用力，这种作用力就叫分子间作用力。分子间作用力是一种静电作用力，它比化学键弱很多。只存在于分子与分子之间。只要分子周围空间允许，当气体分子凝聚时，它总是尽可能吸引更多的其他分子。

分子的大小、分子的结构、分子中电荷分布是否均匀，都是影响分子间作用力的大小的因素。分子通过分子间作用力构成的固态物质叫分子晶体。例如：

干冰
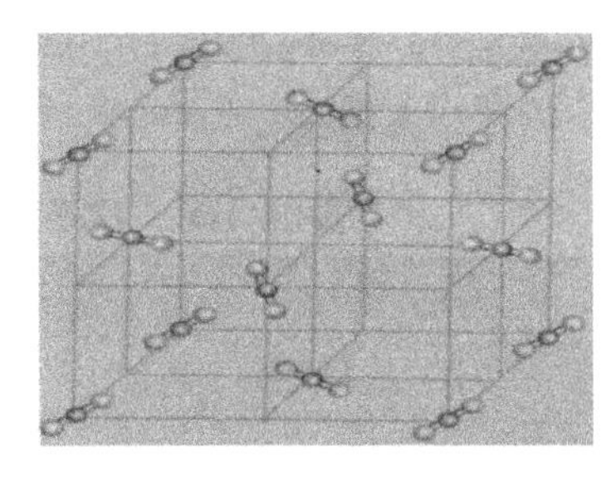

图 5.8

干冰、冰等都是分子晶体。

分子晶体的性质：分子晶体中有单个分子存在，化学式就是分子式，熔点、沸点较低，硬度较小。分子晶体在熔融状态时不导电。

练一练

1. 根据各类晶体的性质填表：

基本类型	离子晶体	原子晶体	分子晶体
何种力结合	离子键		
熔点、沸点			较低
硬度		很大	
溶解性			
导电性			
实例		C、SiO_2	

2. 判断对错：

(1) 晶体中若有阳离子，一定有阴离子　(　　)

(2) 离子晶体中一定有离子键　(　　)

(3) 分子晶体中一定有共价键　(　　)

(4) 离子晶体中一定有金属元素、　(　　)

(5) 分子晶体熔化时共价键发生断裂、　(　　)

(6) 金属与非金属之间形成的化合物不一定是离子化合物

(7) 非金属元素之间不能形成离子键　(　　)

(8) 冰熔化时水分子中共价键发生断裂 ( )

(9) 化学键只存在于化合物中 ( )

(10) 化学变化中化学键一定变化，物理变化中化学键不发生变化 ( )

3. 下列物质中，熔点、沸点最低的是 ( )

A. NaCl　　B. CO_2　　C. 石墨　　D. SiO_2

4. 下列物质变化时，离子键被破坏的是 ( )

A. 钠熔化　　B. 干冰变成二氧化碳

C. 氧化铝熔化　　D. 氯化镁溶于水

5. 下列各物质发生的变化，主要克服了哪种类型的化学键，把名称填入空格中：

(1) 二氧化硅熔化 ________

(2) 溴化氢溶于水 ________

(3) 氯化钙溶于水 ________

(4) 硝酸钾熔化 ________

6. 填表，并指出下列哪组物质的晶体中，化学键类型和晶体类型都相同。

分　组	物　质	化学键名称	晶体类型
A	SO_2		
	SiO_2		
B	CO_2		
	H_2O		
C	NaCl		
	HCl		
D	CCl_4		
	KCl		

【本章小结】

1. 化学键：是将原子结合成物质世界的作用力。具体而言，相邻的两个或多个原子（或离子）之间强烈的相互作用叫做化学键。

2. 化学键主要包括离子键和共价键。离子键形成：阴、阳离子接近到一定距离时，静电引力和斥力达到平衡就形成了离子键。共价键形成：原子间通过共用电子对的作用使双方最外电子层均达到 2 电子或 8 电子稳定结构，形成共价键。

3. 离子化合物：含有离子键的化合物判断依据：熔融态下是否能电离导电；共价化合物：只含有共价键的化合物。

4. 晶体主要的类型有：离子晶体、分子晶体和原子晶体。

离子晶体是离子间通过离子键形成的晶体，构成离子晶体的微粒是阳离子和阴离子。离子键的强弱既决定了晶体熔点、沸点的高低，又决定了晶体稳定性的强弱。

分子晶体是分子间通过分子作用力相结合而形成的晶体。构成分子晶体的微粒是分子。分子晶体中，由于分子间作用力较弱，因此，分子晶体一般硬度较小，熔点、沸点较低。

原子晶体是相邻原子间以共价键相结合而形成的空间网状结构的晶体。原子晶体的构成微粒是原子，微粒间的作用是共价键，作用力强，因此原子晶体的熔点、沸点高，硬度大。

第六章　溶　　液
Solution

第一节　水与溶液

水是地球表面分布最广的物质。离开水，地球上的生命将不存在。我们生活的周围是水的世界，可以说是水溶液的世界。

读一读

溶液	róngyè	solution
溶解	róngjiě	dissolve
搅拌	jiǎobàn	stirring
分散	fēnsàn	disperse
稳定	wěndìng	stable
均匀	jūnyún	evenly
蔗糖	zhètáng	sucrose

（一）水可以溶解物质

学一学

糖（sugar）放在水中，搅拌后糖消失，得到一种透明的液体——糖水（糖的水溶液）。我们说糖溶解在水里了。

食盐（NaCl）放在水中，搅拌，食盐的固体消失，得到盐水（盐的水溶液）。我们说盐溶解了。

像这样，一种或几种物质均匀地分散到另一种物质中的过程叫溶解（dissolve）。

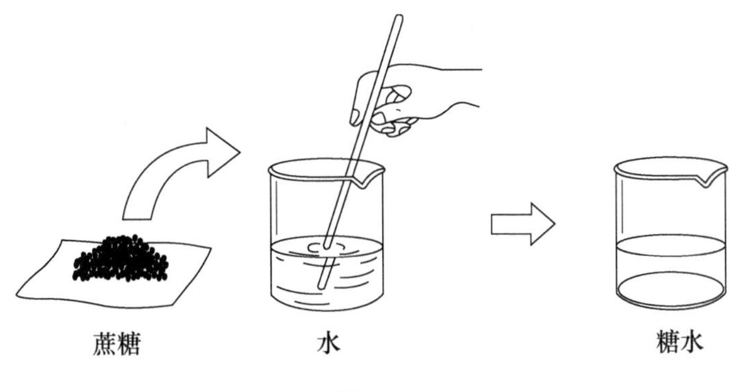

图 6.1

读一读

悬浊液	xuánzhuóyè	suspension
乳浊液	rǔzhuóyè	emulsion
静置	jìngzhì	stewing

(二) 什么是溶液

学一学

一种或几种物质均匀地分散到另一种物质中，形成的混合物称为溶液(solution)，如糖水。

溶液有哪些特性呢？

(1) 溶液是均匀、稳定的；

(2) 溶液中各部分的组成都是相同的。

例：右面杯子中的溶液 A 处和 B 处（密度、组成等）完全相同。

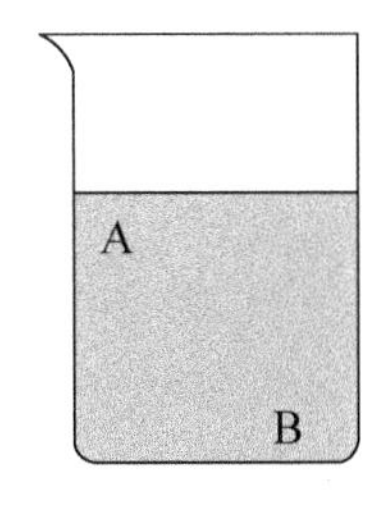

图 6.2

思考与讨论

1. 想一想，牛奶是溶液吗？
2. 我们平时喝的饮料、生病注射的药水是不是溶液呢？

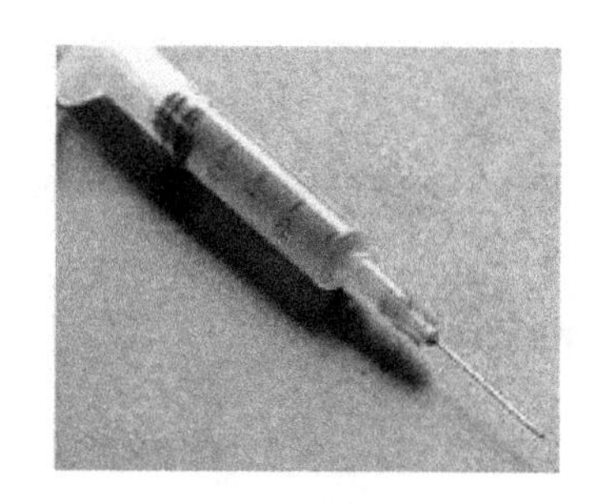

图 6.3

（三）知识拓展：悬浊液和乳浊液

学一学

不是所有的固体颗粒或液体放入水中，都会形成溶液。

例如：泥土放入水中，静置后分层，分离成固体小颗粒和水，得到悬浊液。

又如：把油放入水中，油漂浮（float）在水面上，静置后分层，得到乳浊液。

xuán zhuó yè
悬 浊 液

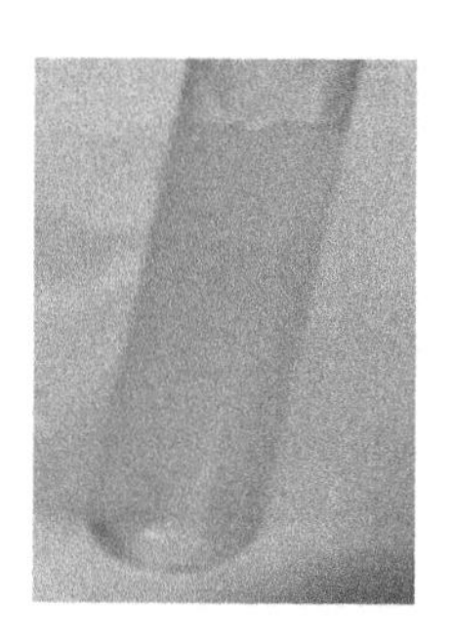

rǔ zhuó yè
乳 浊 液

图 6.4

第二节 溶液的组成

读一读

溶质	róngzhì	solute
溶剂	róng jì	solvent

（一）溶质和溶剂

学一学

糖水中，糖被溶解，糖叫做溶质；水溶解糖，水叫做溶剂。

盐水中，食盐被溶解，食盐叫做溶质；水溶解食盐，水叫做溶剂。

溶液是由溶质和溶剂组成的。被溶解的物质是溶质，能溶解其他物质的物质是溶剂。

róng zhì		róng jì		róng yè
溶　质	+	溶　剂	=	溶　液
solute		solvent		solution

水是最常用的溶剂，得到的溶液称为水溶液。

固体溶解在水中
（糖水）

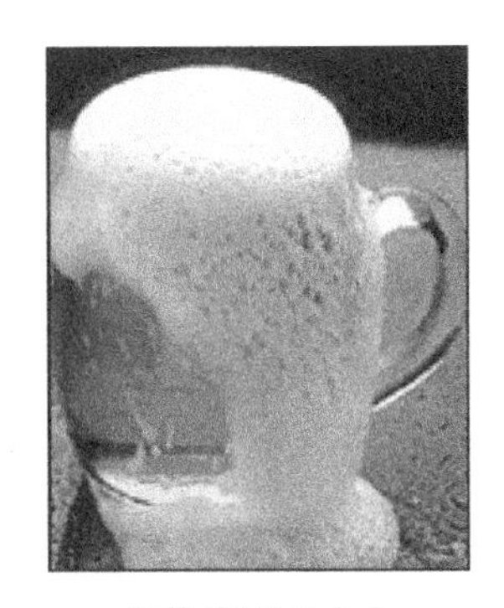

气体溶解在水中
（汽水）

液体溶解在水中
（酒精和水互溶）

图 6.5

溶质可以是固体、气体或液体。

例如：碳酸饮料（汽水）的制作就是把二氧化碳气体（CO_2）压入饮料中。

思考与讨论

酒精和水可以互相溶解，两种都是液体。

图 6.6

请问，哪种物质是溶质，哪种是溶剂呢？

两种液体互溶形成溶液时，通常把量多的一种液体叫溶剂，量少的一种液体叫溶质。

第三节　物质的溶解性

请你先说

盐和面粉哪个更容易溶解在水里呢？

读一读

溶解性	róngjiěxìng	solubility
易溶	yìróng	soluble
不溶	bùróng	insoluble
难溶	nánróng	uneasily soluble
面粉	miànfěn	flour
酒精	jiǔjīng	alcohol
汽油	qìyóu	gasoline
极性溶剂	jíxìng róngjì	polar solvent
非极性溶剂	fēijíxìng róngjì	nonpolar solvent

（一）溶 解 性

学一学

（1）不同的物质在水中的溶解性不同。

有的物质易溶于水，如食盐（NaCl）。有的物质不溶于水，如面粉。

（2）同一种物质在不同溶剂中的溶解性也不同。

食盐能溶于水，难溶于酒精。

（3）物质的溶解性与温度有关。

食盐在热水中比在冷水中更容易溶解。

练一练

1. 右图的烧杯中是 NaCl 溶液，请比较 A 处和 B 处密度的大小（　　）

   A. A＞B　　　　B. A＜B

   C. A＝B　　　　D. 不能确定

2. 填一填

溶　　液	溶　　质	溶　　剂
氢氧化钠溶液（NaOH 溶液）		
食盐水		
石灰水		
医用酒精		
碘酒		
盐酸		
稀硫酸		

3. 可以作为溶质的（　　）

   A. 只有固体　　　　B. 只有液体

   C. 只有气体　　　　D. 气、液、固体都可以

4. 下列液体中，不属于溶液的是（　　）

   A. 汽水　　B. 食盐水　　C. 蒸馏水　　D. 糖水

5. 下列物质中，属于溶液且溶质是一种物质的是（　　）

   A. 可口可乐　　B. 面汤　　C. 牛奶　　D. 碘酒

（二）知识拓展：相似相溶原理

学一学

食盐在水中很容易溶解，但在汽油中却不能溶解。碘几乎不溶于水，却能溶解在汽油里。为什么呢?

溶剂通常分为两大类：极性溶剂和非极性溶剂。

水是极性最强的溶剂，易溶解食盐等离子化合物或极性化合物。汽油是非极性溶剂，易溶解油脂等非极性化合物。但极性不同、分子结构不同的水和汽油则不能互溶，其他的溶剂也有类似的现象，这就是“相似相溶”。

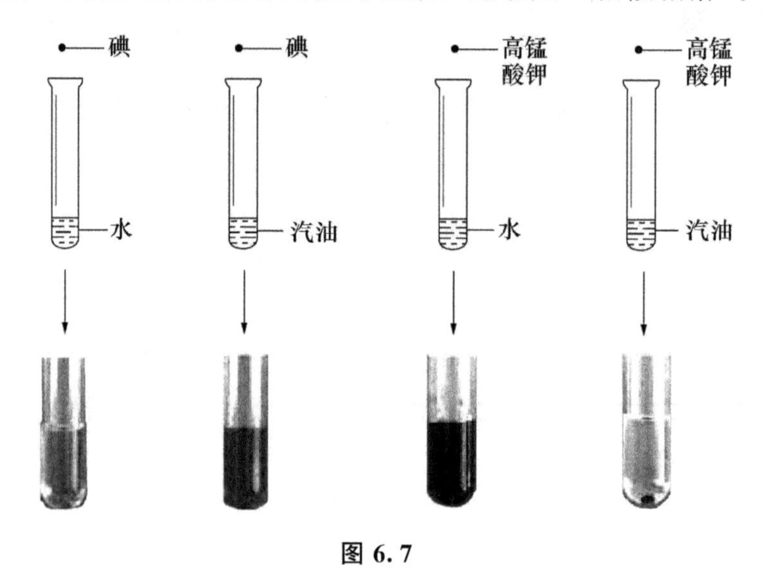

图 6.7

第四节　饱和溶液和不饱和溶液

读一读

饱和溶液	bǎohé róngyè	saturated solution
不饱和溶液	bùbǎohé róngyè	unsaturated solution
晶体	jīngtǐ	crystal
结晶	jiéjīng	crystallization

（一）饱和溶液和不饱和溶液

学一学

很多物质在一定量水中不能完全溶解。

在一定温度下，向一定量溶剂中加入某种溶质，当溶质不能继续溶解时，所得的溶液叫做这种溶质的饱和溶液；还能继续溶解某种溶质的溶液叫做这种溶质的不饱和溶液。

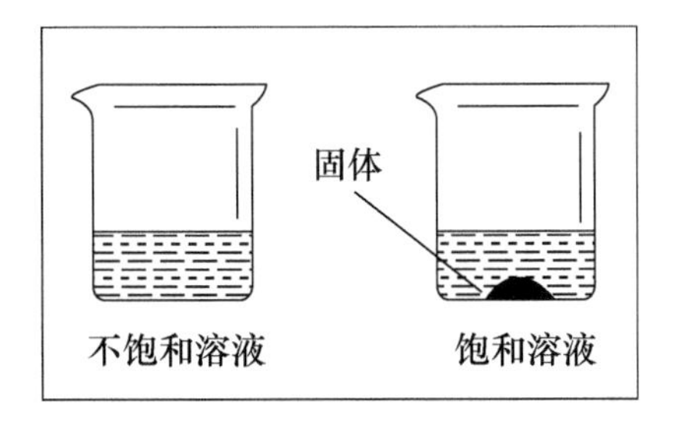

图 6.8

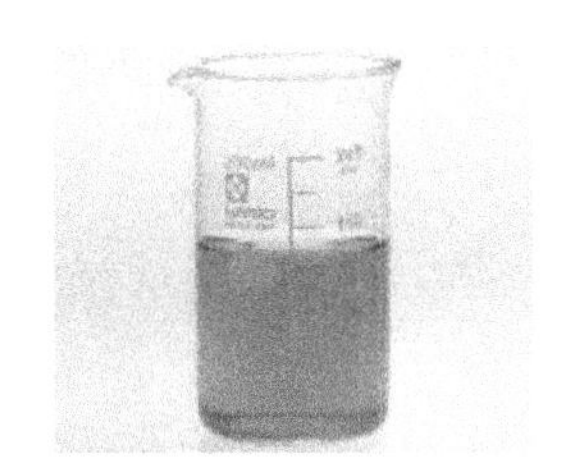

图 6.9

思考与讨论

想一想，图 6.9 这杯溶液是饱和溶液，还是不饱和溶液呢？

试试看：继续加入少量溶质，看是否能溶解。

（1）饱和溶液中溶质一定比不饱和溶液多。

（2）浓溶液可能是不饱和溶液。

（二）如何将不饱和溶液转化为饱和溶液？

学一学

方法一：可以在不饱和溶液中增加溶质，直到不再溶解为止。

方法二：可以在不饱和溶液中加热蒸发掉溶液中的水分，直到有固体（晶体）出现。

方法三：一般来说，还可以降低溶液温度，使晶体析出。

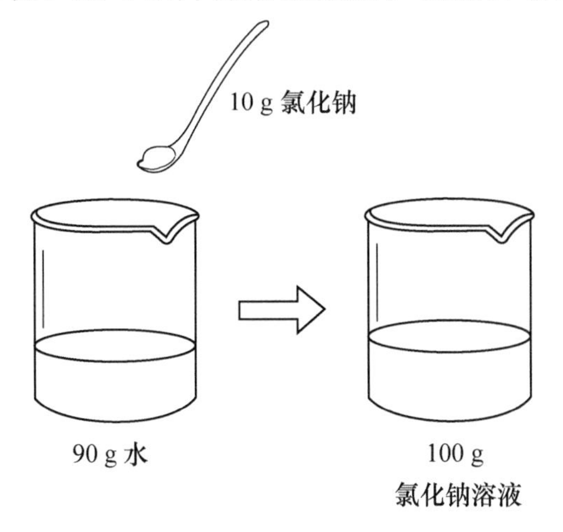

图 6.10

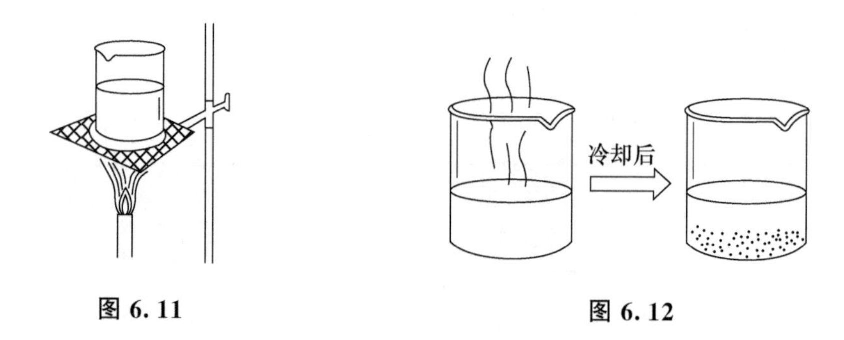

图 6.11　　图 6.12

通常把溶质从溶液中析出的过程叫做结晶。

（三）如何将饱和溶液转化为不饱和溶液？

学一学

图 6.13

方法一：可以增加溶剂的量。
方法二：可以改变温度。

饱和溶液与不饱和溶液的转化：

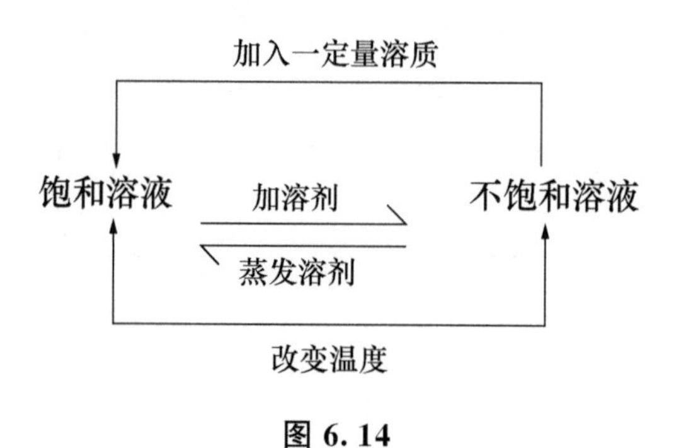

图 6.14

练一练

1. 一定能使不饱和溶液转化为饱和溶液的方法有（　　）

   A. 倒出部分溶剂　　B. 降低温度

   C. 升高温度　　D. 加溶质

2. 日晒海水可以得到食盐固体，其原因是（　　）

   A. 受热时食盐的溶解度降低　　B. 受热时食盐的溶解度明显增大

   C. 受热时海水中的水分蒸发　　D. 受热时海水发生分解

第五节　物质的溶解度

读一读

溶解度	róngjiědù	solubility
微溶	wēiróng	slight soluble
溶解度曲线	róngjiědù qūxiàn	solubility curves
横坐标	héngzuòbiāo	*x*-axis
纵坐标	zòngzuòbiāo	*y*-axis

（一）溶解性比较

学一学

图 6.15

20℃时，100 g 水中最多能溶解 36 g 食盐（NaCl）固体。

20℃时，100 g 水中最多能溶解 31.6 g 硝酸钾（KNO_3）固体。

我们说，20℃时，这两种物质的溶解性相近。

溶解性用什么来表示呢？

（二）溶 解 度

学一学

化学上用溶解度来表示物质的溶解性。

溶解度（solubility，S）是指在一定温度下，某物质在 100 g 溶剂（通常是水）中能溶解的最大质量，即饱和溶液中溶质的质量，单位是克（g）。

20℃时，100 g 水中最多能溶解 36 g 食盐（NaCl）固体（这时溶液达到饱和状态），我们就说 NaCl 在 20℃时的溶解度是 36 g/100 g 水。

如果不指明溶剂，一般说的溶解度指的是物质在水中的溶解度。

（三）知识拓展：溶解度曲线

学一学

溶解度的相对大小

溶解度	一般称为
<0.01	难溶
0.01～1	微溶
1～10	可溶
>10	易溶

表 9-1　几种物质在不同温度时的溶解度（100 g 溶剂）

温度/℃		0	10	20	30	40	50	60	70	80	90	100
溶解度/g	NaCl	35.7	35.8	36.0	36.3	36.6	37.0	37.3	37.8	38.4	39.0	39.8
	KCl	27.6	31.0	34.0	37.0	40.0	42.6	45.5	48.3	51.1	54.0	56.7
	KH_4Cl	29.4	33.3	37.2	41.4	45.8	50.4	55.2	60.2	65.6	71.3	77.3
	KNO_3	13.3	20.9	31.6	45.8	63.9	85.5	110	138	169	202	246

温度对固体溶质的溶解度有明显的影响。

把物质在不同温度时的溶解度标在图上，得到物质溶解度随温度变化的曲线，称为溶解度曲线，如图 6.16，图 6.17，图 6.18。通常用纵坐标（*y*-axis）表示溶解度，横坐标（*x*-axis）表示温度。

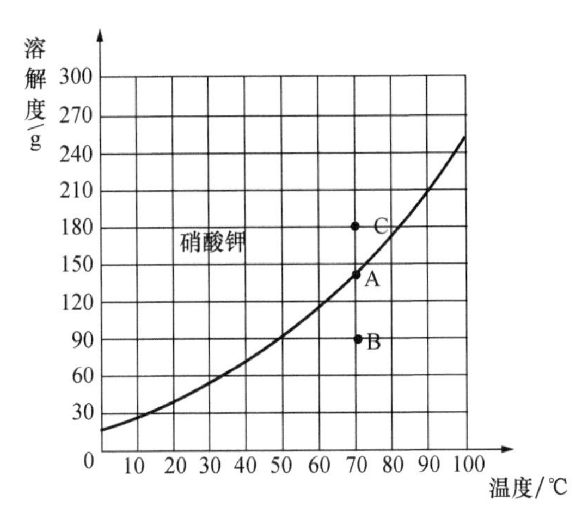

dà duō shù gù tǐ wù zhì zài shuǐ zhōng de róng jiě dù suí wēn dù de shēng gāo ér zēng dà

图 6.16　大多数固体物质在水中的溶解度随温度的升高而增大

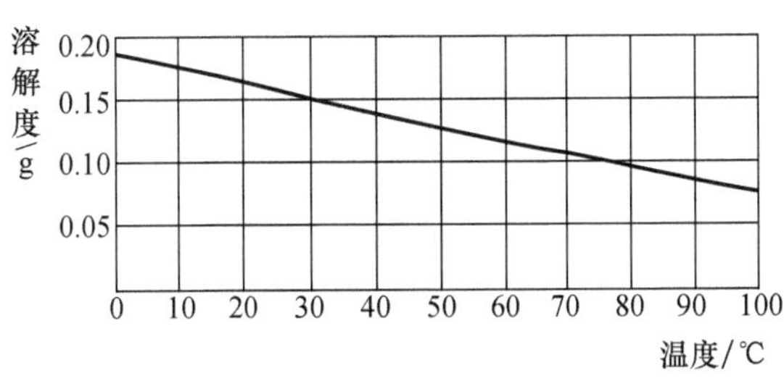

shǎo shù gù tǐ wù zhì zài shuǐ zhōng de róng jiě dù suí wēn dù de shēng gāo ér jiǎn xiǎo rú

图 6.17　少数固体物质在水中的溶解度随温度的升高而减小。如：$Ca(OH)_2$

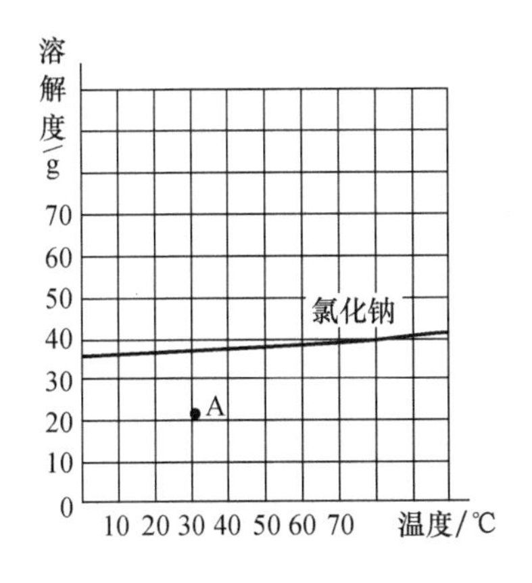

yǒu xiē gù tǐ wù zhì de róng jiě dù yǔ wēn dù de guān xì bù míng xiǎn

图 6.18　有些固体物质的溶解度与温度的关系不明显

（四）溶解度的计算

学一学

$$溶解度 = \frac{溶质质量}{溶剂质量} \times 100\ 克 \quad 即 \quad S = \frac{m_{溶质}}{m_{溶剂}} \times 100\ g \quad 或 \quad \frac{S}{100} = \frac{m_{溶质}}{m_{溶剂}}$$

练一练

1. 40℃时硝酸钠的溶解度是 100 g/100 g 水。请问 40℃时 120 g 水中最多能溶解多少克硝酸钠才能达到饱和呢？
2. 20℃时 200 g 水中最多溶解 72 g 氯化钠固体，请问 20℃时氯化钠的溶解度是多少？

第六节 溶液的质量和溶质的质量分数

读一读

质量	zhìliàng	mass
质量分数	zhìliàng fēnshù	mass fraction
浓缩	nóngsuō	concentrate
稀释	xīshì	dilute

（一）溶液的质量

学一学

溶液是由溶质和溶剂组成的，溶液的质量等于溶质的质量与溶剂的质量之和。

溶液质量＝溶质质量＋溶剂质量

即 $m_{溶液} = m_{溶质} + m_{溶剂}$

* 注意：溶液体积 $\neq$ 溶质体积＋溶剂体积

如何知道一定量溶液中溶解了多少溶质呢？

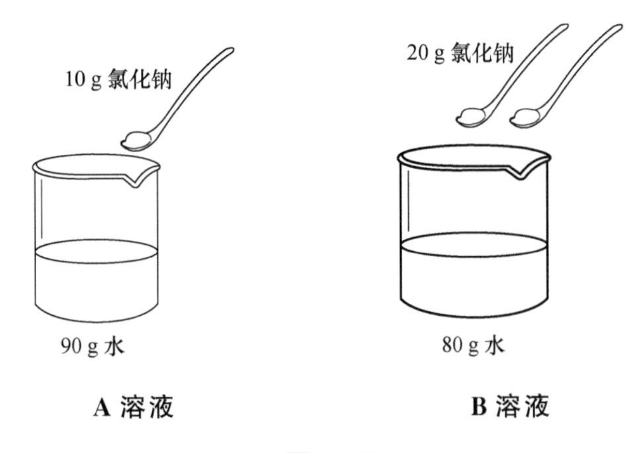

图 6.19

两份氯化钠溶液中溶解的溶质的量是不同的。相同质量的溶液中左图 A 溶液比右图 B 溶液中的溶质要少。如何表示两种不同组成的溶液呢？常用溶质的质量分数表示溶液的组成。

（二）溶质的质量分数

学一学

溶液中溶质的质量分数是溶质质量与溶液质量之比。

$$溶质的质量分数 = \frac{溶质质量}{溶液质量} \times 100\%$$

如以 B 表示溶质，A 表示溶剂，则

$$\omega_B = \frac{m_B}{m_A + m_B} \times 100\%$$

试试看：算一算下面两个溶液的质量分数各是多少？

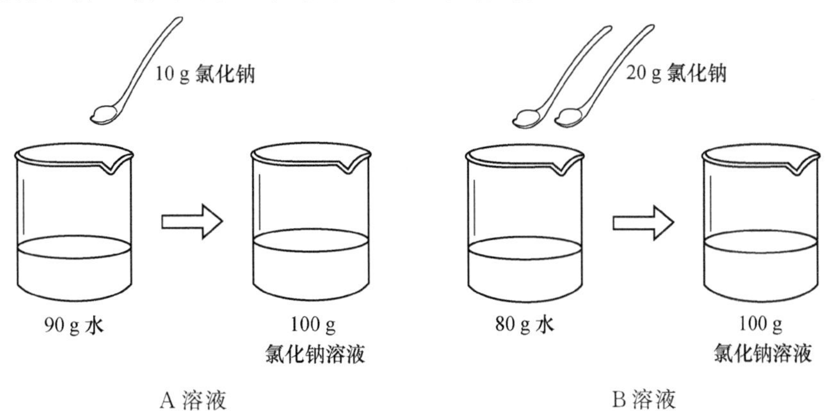

图 6.20

答案：（A 溶液 10%、B 溶液 20%）

【例题 1】现在需要配制质量分数为 16%的氯化钠溶液。如果配制 150 kg 这种溶液，需要氯化钠和水的质量各是多少？

解：溶质质量＝溶液质量 × 溶质的质量分数

＝150 kg×16%

＝24 kg

溶剂质量＝溶液质量－溶质质量

＝150 kg－24 kg

＝126 kg

答：配制 150 kg 这种溶液，需要 24 kg 氯化钠和 126 kg 水。

【例题 2】20℃时，将饱和食盐水 150 g 蒸干得到 40 g 氯化钠，求 20℃时氯化钠饱和溶液中溶质的质量分数？

解：溶质的质量分数$=\dfrac{40\ \text{g}}{150\ \text{g}}\times 100\%=26.67\%$

答：20℃时氯化钠饱和溶液中溶质的质量分数为 26.67%。

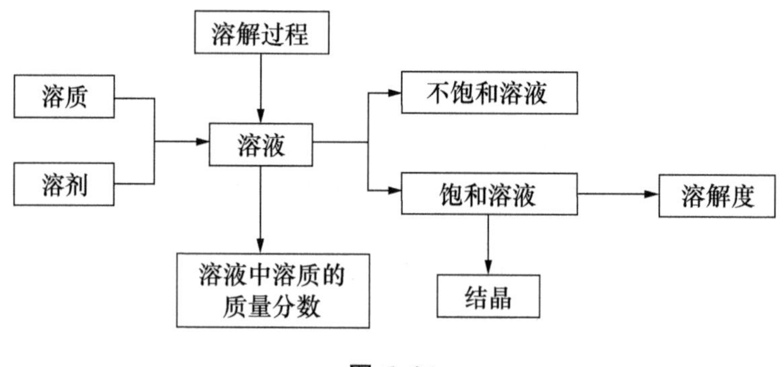

图 6.21

（三）知识拓展：如何配制溶液

学一学

【实验】配制一定溶质质量分数的溶液。

1. 计算配制 50 g 质量分数为 6%的氯化钠溶液所需氯化钠和水的质量：氯化钠________ g，水________ g。

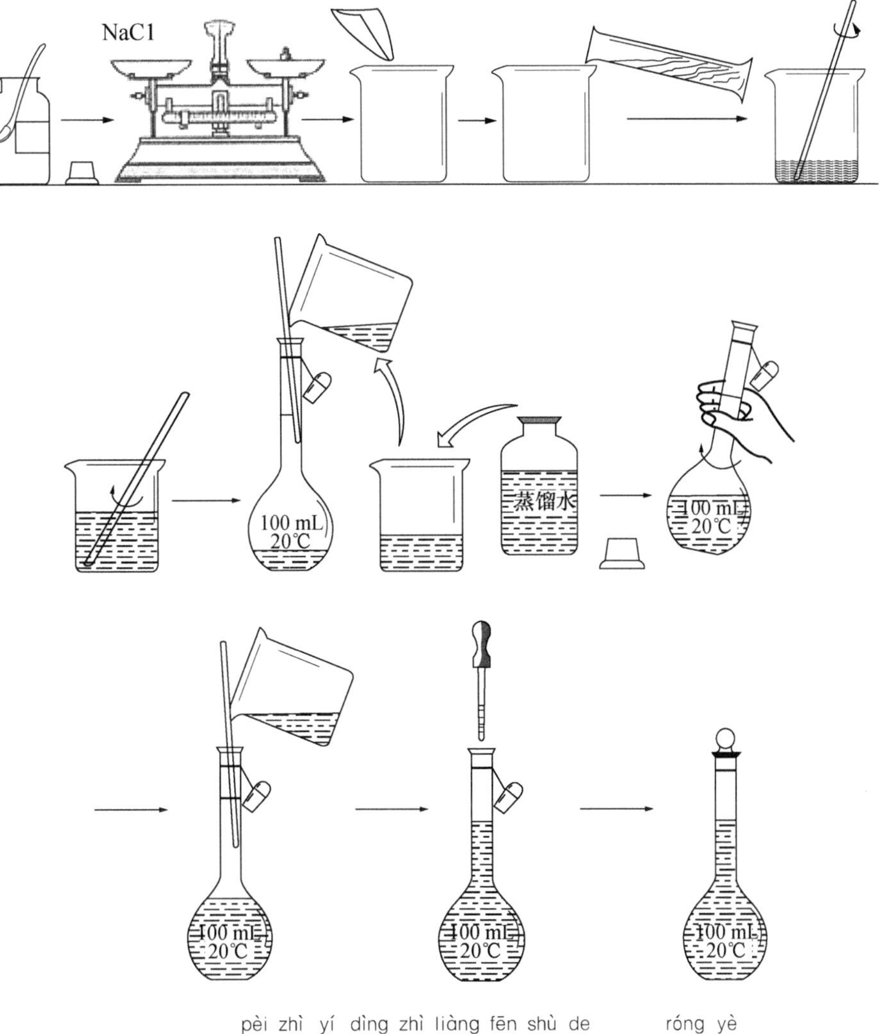

pèi zhì yí dìng zhì liàng fēn shù de róng yè
图 6.22　配制一定质量分数的NaCl溶液

2. 用托盘天平称量所需的氯化钠，倒入烧杯中。

3. 把水的密度近似看作 1 g/cm^3。用量筒量取所需的水，倒入盛有氯化钠的烧杯里，用玻璃棒搅拌，使氯化钠溶解。

4. 把配制好的溶液装入试剂瓶中，盖好瓶塞并贴上标签（标签中应包括药品名称和溶液中溶质的质量分数），放入试剂柜中。

练一练

1. 蒸干 15 g 食盐水溶液，得到 1.2 g 食盐，则该溶液中溶质的质量分数是（　　）

A. 8%　　B. 8.7%　　C. 7.4%　　D. 12%

2. 要使不饱和硝酸钾溶液变成饱和溶液，且不改变溶质的质量的方法是（　　）

A. 加热蒸发溶剂后，再降至原来温度

B. 加入一定量的硝酸钾

C. 降温至溶液刚好达到饱和

D. 降温后使溶液析出部分晶体

3. 要使 100 g 10%食盐溶液的质量分数增大到 20%，需要加入溶质的质量为（　　）

A. 10 g　　B. 12.5 g　　C. 15 g　　D. 20 g

4. 下列溶液中，溶质的质量分数最大的是（　　）

A. 20% 的蔗糖溶液

B. 40 g 蔗糖完全溶解在 210 g 水中所形成的溶液

C. 150 g 蔗糖溶液，其中含有蔗糖 27 g

D. 把 x g 水加入到 x g 30%的蔗糖溶液中

第七节　溶液的摩尔浓度

我们学过了溶液中溶质的质量分数。但是在许多场合取用溶液时，我们一般不是去称量它的质量，而是要量取它的体积。而且化学反应中各物质之间的物质的量的关系要比它们之间的质量关系简单。所以，知道一定体积的溶液中含有溶质的物质的量，对于生产和科学实验都是非常重要的。

（一）摩尔浓度

学一学

摩尔浓度又称为物质的量浓度，符号为 C_B，常用的单位为 mol/L 或 mol/m^3。

摩尔浓度的表达式为：

$$C_B - \frac{n_B}{V}$$

其中 n_B 为溶质 B 的物质的量，V 是溶液的体积。

按照摩尔浓度的定义，如果在 1 L 溶液中含有 1 mol 的溶质，这种溶液中溶质的摩尔浓度就是 1 mol/L。例如，NaOH 的摩尔质量为 40 g/mol，在 1 L

溶液中含有 40 g NaOH，溶液中 NaOH 的摩尔浓度就是 1 mol/L；而在 1 L 溶液中含有 20 g NaOH，溶液中 NaOH 的摩尔浓度就是 0.5 mol/L。

【例题 3】　将 23.4 g NaCl 溶于水中，配成 250 mL 溶液。计算所得溶液中溶质的物质的量浓度。

解：NaCl 的摩尔质量为 58.5 g/mol。

23.4 g NaCl 的物质的量为：

$$n(\text{NaCl})=\frac{m(\text{NaCl})}{M(\text{NaCl})}=\frac{23.4\ \text{g}}{58.5\ \text{g}\cdot\text{mol}^{-1}}=0.4\ \text{mol}$$

NaCl 溶液的物质的量浓度为：

$$c(\text{NaCl})=\frac{n(\text{NaCl})}{V[\text{NaCl(aq)}]}=\frac{0.4\ \text{mol}}{0.25\ \text{L}}=1.6\ \text{mol/L}$$

【例题 4】　配制 500 mL 0.1 mol/L NaOH 溶液，需要 NaOH 的质量是多少？

解：NaOH 的摩尔质量为 40 g/mol。

500 mL 0.1 mol/L NaOH 溶液中 NaOH 的物质的量为：

$$n(\text{NaOH})=c(\text{NaOH})\cdot V[\text{NaOH(aq)}]=0.1\ \text{mol/L}\times 0.5\ \text{L}=0.05\ \text{mol}$$

0.05 mol NaOH 的质量为：

$$m(\text{NaOH})=n(\text{NaOH})\cdot M(\text{NaOH})=0.05\ \text{mol}\times 40\ \text{g/mol}=2\ \text{g}$$

（二）摩尔浓度与质量分数的换算

学一学

【例题 5】　市售浓硫酸中溶质的质量分数为 98%，密度为 1.84 g/cm³。计算市售浓硫酸中 H_2SO_4 的物质的量浓度。

解：H_2SO_4 的摩尔质量为 98 g/mol，设：H_2SO_4（*aq.*）的体积为 1000 mL。

1000 mL H_2SO_4（*aq.*）的质量为：

$$m(H_2SO_4) = \rho[H_2SO_4(aq.)] \cdot V[H_2SO_4(aq.)]$$
$$= 1.84\ g/cm^3 \times 1000\ cm^3 \times 98\%$$
$$= 1803\ g$$

1803 g H_2SO_4 的物质的量为：

$$n(H_2SO_4) = \frac{m(H_2SO_4)}{M(H_2SO_4)}$$
$$= \frac{1803\ g}{98\ g \cdot mol^{-1}}$$
$$= 18.4\ mol$$

【例题 6】 配制 250 mL 1 mol/L HCl 溶液，需要 12 mol/L HCl 溶液的体积是多少？

解：设配制 250 mL（V_1）1 mol/L（c_1）HCl 溶液，需要 12 mol/L（c_2）HCl 溶液的体积为 V_2。

$$c_1 \cdot V_1 = c_2 \cdot V_2$$
$$V_2 = \frac{c_1 \cdot V_1}{c_2}$$
$$= \frac{1\ mol \cdot L^{-1} \times 0.25\ L}{12\ mol \cdot L^{-1}}$$
$$= 0.021\ L = 21\ mL$$

练一练

1. 计算 500 mL 的 0.5 mol/kg 葡萄糖（glucose）溶液，0.5 mol/kg 尿素（urea）水溶液中溶质的质量
2. 市售浓盐酸密度为 1.19 g/mL，HCl 质量分数为 37%，试计算盐酸的摩尔浓度。
3. 已知在 1 L $MgCl_2$ 溶液中含有 0.02 mol Cl^-，此溶液中 $MgCl_2$ 的物质的量浓度为__________。
4. 将 250 mL 质量分数为 98%、密度为 1.84 g/cm^3 的浓硫酸稀释到 600 mL，所得溶液的密度为 1.35 g/cm^3，此时溶液中 H_2SO_4 的物质的量浓度为________。
5. 在一定温度下，将 *B* g 相对分子质量为 M_r 的物质溶解于水，得到 *V* 升饱和溶液。此饱和溶液中溶质的物质的量浓度为________。

6. 计算质量分数为 37%、密度为 1.19 g/cm^3 的盐酸中 HCl 的摩尔浓度。

7. 配制 160 mL 2.2 mol/L KCl 溶液，需要固体 KCl 的质量是多少？

【本章小结】

1. 溶液的基本概念

一种或几种物质均匀分散到另一种物质中，形成的混合物称为溶液。溶液由溶质和溶剂组成，即 $m_{溶液}=m_{溶质}+m_{溶剂}$，$V_{溶液}\neq V_{溶质}+V_{溶剂}$

2. 饱和溶液与不饱和溶液：在一定温度下，向一定量溶剂中加入某种溶质，不能够继续溶解溶质时，所得的溶液叫饱和溶液；反之，能继续溶解溶质的溶液称为不饱和溶液。

3. 溶解度：在一定温度下，某物质在 100 g 溶剂中能溶解的最大质量，也就是饱和溶液中溶质的质量。

4. 溶质的质量分数：

$$溶质的质量分数=\frac{溶质质量}{溶液质量}\times 100\%$$

如以 B 表示溶质，A 表示溶剂，则

$$\omega_B=\frac{m_B}{m_A+m_B}\times 100\%$$

5. 摩尔浓度表达式为：

$$C_B=\frac{n_B}{V}$$

第七章　电 解 质
Electrolyte

第一节　电解质的分类

（一）物质在水溶液中的导电性

说一说

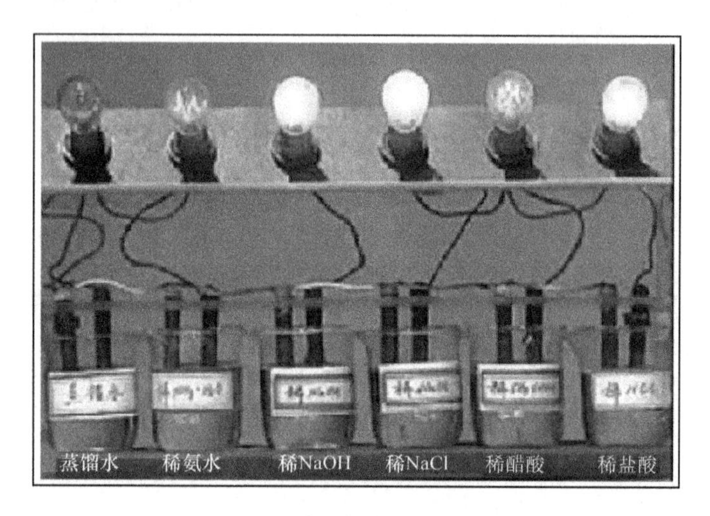

wù zhì dǎo diàn shí yàn
图 7.1　物 质 导 电 实 验

（1）请你说出图 7.1 中的实验现象。

连接________、________、________溶液的灯泡比较亮；

连接________、________溶液的灯泡比较暗；

连接________的灯泡根本不亮。

（2）灯泡的明暗与物质的什么性质有关？——导电性

学一学

实验表明：有些物质溶于水后，它的水溶液能导电，如氯化钠。但有些物质溶于水后，它的水溶液不能导电，如蔗糖。

在能导电的物质中，有些物质导电能力强，如盐酸；而有些物质导电能力弱，如醋酸。

除了水溶液，有些物质在什么情况下也能导电呢？

读一读

导电性	dǎodiànxìng	electrical conductivity
电解质	diànjiězhì	electrolyte
强电解质	qiángdiànjiězhì	strong electrolyte
弱电解质	ruòdiànjiězhì	weak electrolyte
非电解质	fēidiànjiězhì	non-electrolyte
电离	diànlí	ionization
醋酸	cùsuān	acetic acid

（二）物质在熔融时的导电性

做一做

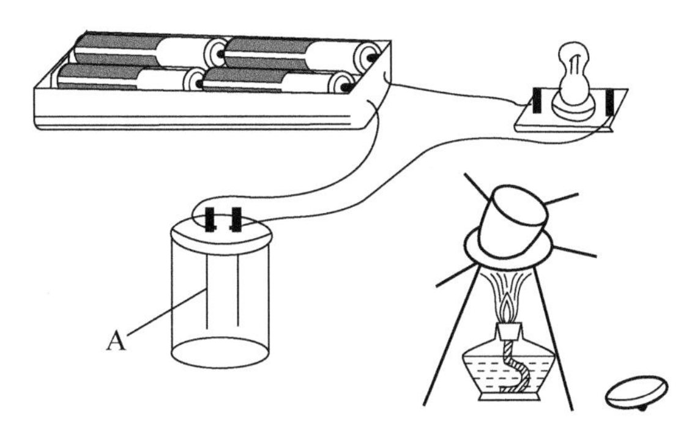

lǜ huà nà zài róng róng shí de dǎo diàn shí yàn

图 7.2 氯化钠在熔融时的导电实验

学一学

实验表明：有些物质不仅在水溶液里能导电，在熔融状态下也能够导电。

（三）电解质与非电解质

学一学

凡是在水溶液中或熔融状态下能导电的化合物叫做电解质（electrolyte），如氯化钠。在水溶液中和熔融状态下都不能导电的化合物叫做非电解质（non-electrolyte），如蔗糖。

常见的酸、碱、盐都是电解质。

在图 7.1 的实验中，电解质有 HCl、HAc、NaOH、氨水、NaCl。蒸馏水是非电解质。

想一想

氯化钠是离子化合物，氯化氢是具有极性键的共价化合物，它们为什么都能导电呢？

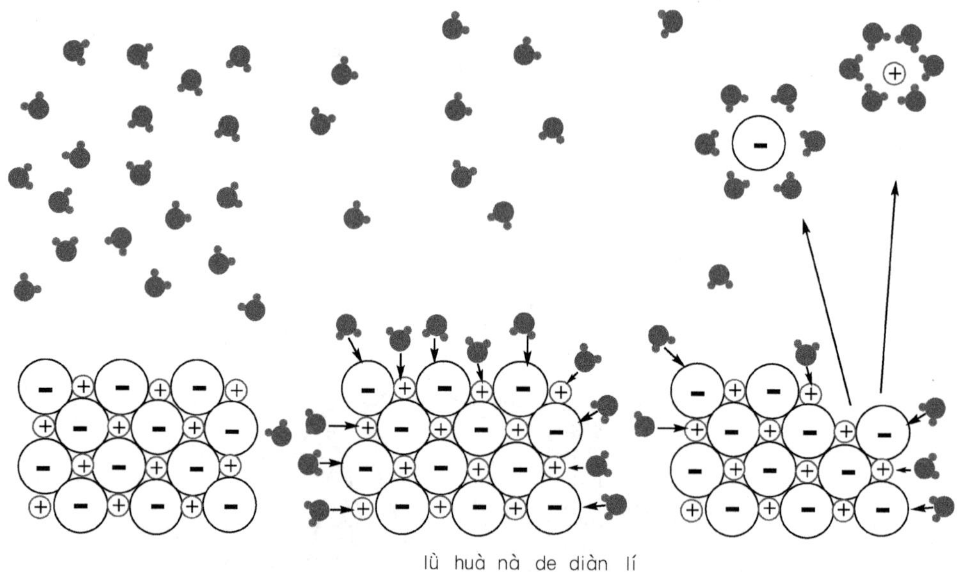

lǜ huà nà de diàn lí
图 7.3　氯 化 钠 的 电 离

氯化钠是离子化合物，由离子构成，固态时离子紧密排列，不能自由移动。但氯化钠溶于水后受水分子的作用或氯化钠熔化后，都能产生自由移动的离子，因此能导电。

气态氯化氢不能导电，但溶于水后，在水分子作用下，发生离子化过程，也能产生自由移动的离子，所以能导电。

(四) 电解质的电离

学一学

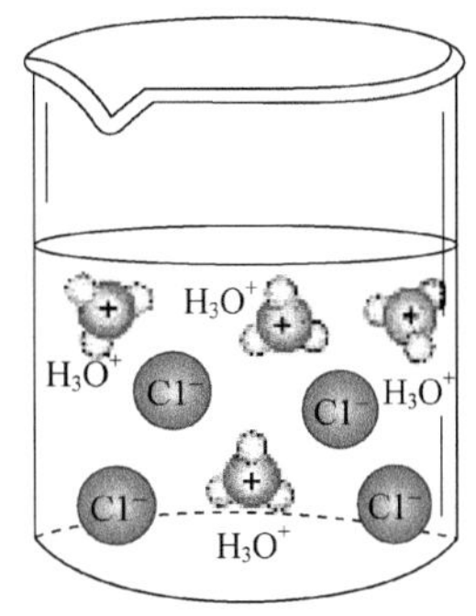

电解质在水溶液中或熔融状态下离解，产生自由移动的离子的过程，叫做电离。

lǜ huà qīng fēn zǐ zài shuǐ zhōng de diàn lí
图 7.4 氯 化 氢 分 子 在 水 中 的 电 离

(五) 强电解质和弱电解质

学一学

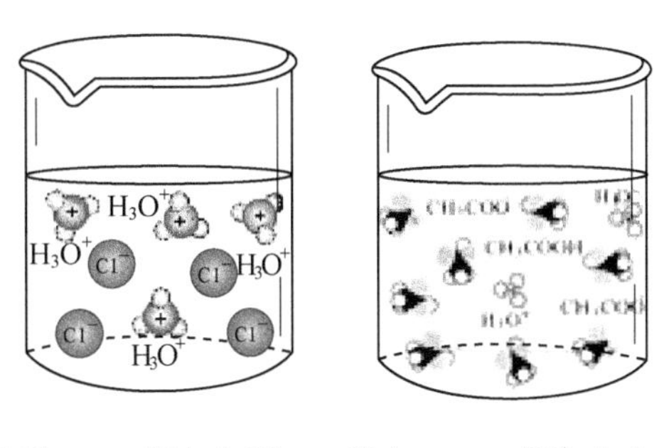

$HCl = H^+ + Cl^-$　　$HAc \rightleftharpoons H^+ + Ac^-$

diàn jiě zhì de diàn lí
图 7.5 电 解 质 的 电 离

在水溶液中全部电离为离子的电解质称为强电解质（strong electrolyte），如强酸、强碱和大多数的盐。

在水溶液中只有部分电离为离子的电解质称为弱电解质（weak electrolyte），如醋酸等弱酸和氨水等弱碱。弱电解质溶液中存在电离平衡（见图7.6）。

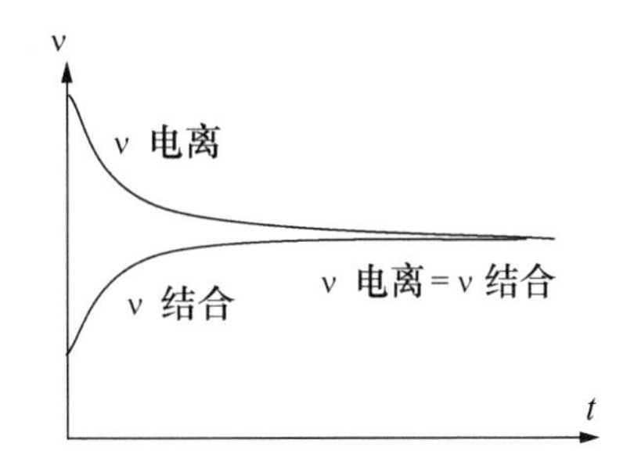

ruò diàn jiě zhì de diàn lí píng héng
图 7.6 弱 电 解 质 的 电 离 平 衡

$CH_3COOH + H_2O \rightleftharpoons H_3O^+ CH_3COO^-$

简写：$CH_3COOH \rightleftharpoons CH_3COO^- + H^+$

练一练

1. 电解质是指在________或________状态下能________的________。
2. 下列关于电解质概念的叙述中，正确的是（　　）。
   A. 在水溶液或熔融状态下能够导电的物质叫做电解质。
   B. 在水溶液和熔融状态下都能够导电的化合物叫做电解质。
   C. 电解质在水溶液中一定能够导电。
   D. 在水溶液或熔融状态下能够导电的化合物叫做电解质。
3. 下列物质中，属于非电解质的是（　　）。
   A. 硫酸　　B. 氨水
   C. 无水酒精　　D. 硫酸铜晶体
4. 下列物质中，不能导电的是（　　）。
   A. 金属铜　　B. 蔗糖溶液
   C. 氯化氢溶液　　D. 熔化的食盐晶体
5. 强电解质是指在________或________状态下能__________的电解质；弱电解质是指在________或________状态下__________的电解质。
6. 日常生活中使用的调味品中，属于强电解质的是（　　）。
   A. 食醋　　B. 食盐　　C. 黄酒　　D. 菜油

第二节　离子反应

说一说

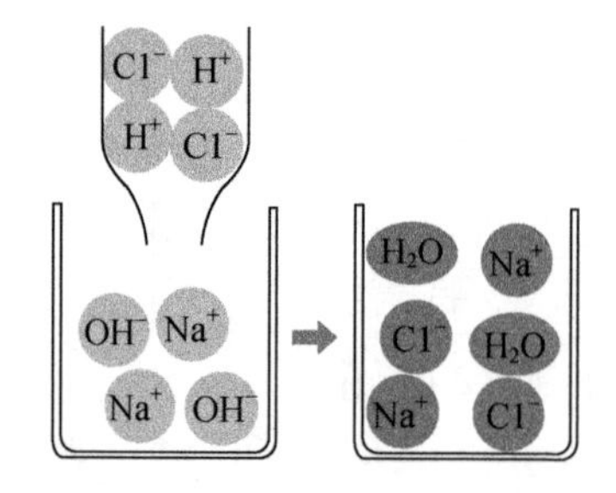

yán suān hé qīng yǎng huà nà fǎn yìng shì yì tú
图 7.7　盐酸和氢氧化钠反应示意图

HCl 溶液中主要含________和________离子；

NaOH 溶液中主要含________和________离子；

NaCl 溶液中主要含________和________离子。

$HCl + NaOH = NaCl + H_2O$

该反应的实质是 $H^+ + OH^- = H_2O$

读一读

离子反应	lízǐ fǎnyìng	ionic reaction
中和反应	zhōnghé fǎnyìng	neutralization reaction
离子方程式	lízǐ fāngchéngshì	ionic equation

(一) 离 子 反 应

学一学

酸、碱、盐是电解质，由于电解质溶于水后成为离子，所以电解质在溶液中发生的反应，实际上是离子之间的反应。化学上把有离子参加的反应叫做离子反应（ionic reaction）。

上述酸碱中和反应的实质是 HCl 电离出来的 H^+ 与 NaOH 电离出来的 OH^- 发生化学反应，生成 H_2O 的过程；而其他离子（Na^+、Cl^-）不参与反应，反应的实质是 $H^+ + OH^- = H_2O$

(二) 离子方程式

学一学

用实际参加反应的离子的符号表示离子反应的式子叫做离子方程式（ionic equation）。离子方程式可以表示同一类型的离子反应。

(三) 离子方程式的书写步骤

学一学

以硫酸铜溶液与氯化钡溶液的反应为例。

(1) 写出反应的化学方程式：

$$CuSO_4 + BaCl_2 = CuCl_2 + BaSO_4\downarrow$$

（2）把易溶于水的强电解质写成离子形式，难溶的电解质、气体和弱电解质仍用化学式表示。难溶的电解质（沉淀）用“↓”表示，气体用“↑”表示。

$$Cu^{2+} + SO_4^{2-} + Ba^{2+} + 2Cl^- = Cu^{2+} + 2Cl^- + BaSO_4\downarrow$$

（3）删去方程式两边不参加反应的离子，则反应的实质为

$$SO_4^{2-} + Ba^{2+} = BaSO_4\downarrow$$

（4）检查离子方程式两边各元素的原子数目和电荷总数是否相等。

练一练

1. 下列方程式中，属于离子方程式的是（　　）

A. $NaCl + AgNO_3 = AgCl + NaNO_3$

B. $HCl + H_2O = H_3O^+ + Cl^-$

C. $S + O_2 = SO_2$

D. $Ag^+ + Cl^- = AgCl\downarrow$

2. 写出下列物质在水溶液中的电离方程式：

（1）KNO_3

（2）H_2SO_4

（3）$Ba(OH)_2$

（4）$NH_3 \cdot H_2O$

（5）CH_3COOH

（6）H_2O

3. 下列物质之间的离子反应，能用 $H^+ + OH^- = H_2O$ 表示的是（　　）

A. 氨水与盐酸　　B. 氢氧化钡与硫酸

C. 硝酸与氢氧化钾　　D. 碳酸钙与盐酸

4. 把下列化学方程式改写成离子方程式

A. $CuSO_4 + H_2S = CuS\downarrow + H_2SO_4$

B. $NaCl + AgNO_3 = AgCl\downarrow + NaNO_3$

C. $Ca(HCO_3)_2 + Ca(OH)_2 = 2CaCO_3\downarrow + 2H_2O$

D. $Cl_2 + 2KI = 2KCl + I_2$

5. 在下列不能拆成离子形式的物质中：

H_2S、$AgCl$、$NH_3 \cdot H_2O$、H_2O、CO_2、Cl_2、$Ca(OH)_2$

A. 属于沉淀的是：________、________。

B. 属于弱电解质的是：________、________、________。

C. 属于气体的是：________、________、________。

6. 下列离子方程式中，正确的是（　　）

A. 稀硫酸滴在铜片上：$Cu+2H^{+} = Cu^{2+}+H_2\uparrow$

B. 硫酸钠溶液与氯化钡溶液混合：$SO_4^{2-}+Ba^{2+} = BaSO_4\downarrow$

C. 盐酸滴在石灰石上：$CaCO_3+2H^{+} = Ca^{2+}+H_2CO_3$

D. 氧化铜与硫酸混合：$Cu^{2+}+SO_4^{2-} = CuSO_4$

第三节　化学反应的类型（1）

读一读

化合反应	huàhé fǎnyìng	combination reaction
置换反应	zhìhuàn fǎnyìng	displacement reaction
复分解反应	fùfēnjiě fǎnyìng	double decomposition reaction
分解反应	fēnjiě fǎnyìng	decomposition reaction

认一认

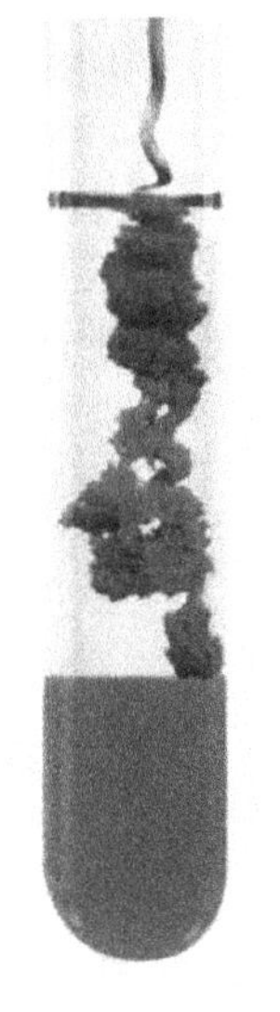

铁与硫酸铜溶液的置换反应

$Fe+CuSO_4 = FeSO_4+Cu$

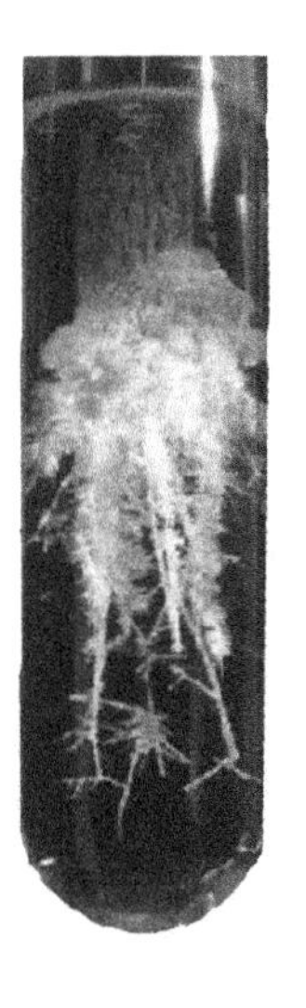

铜与硝酸银溶液的置换反应

$Cu+AgNO_3 = CuNO_3+Ag$

zhì huàn fǎn yìng shì yì tú

图 7.8　置 换 反 应 示 意 图

（一）置换反应

学一学

由一种单质与一种化合物发生反应，生成另一种单质和另一种化合物的反应，叫做置换反应。

置换反应的通式可表示为：A＋BC ══ AC＋B

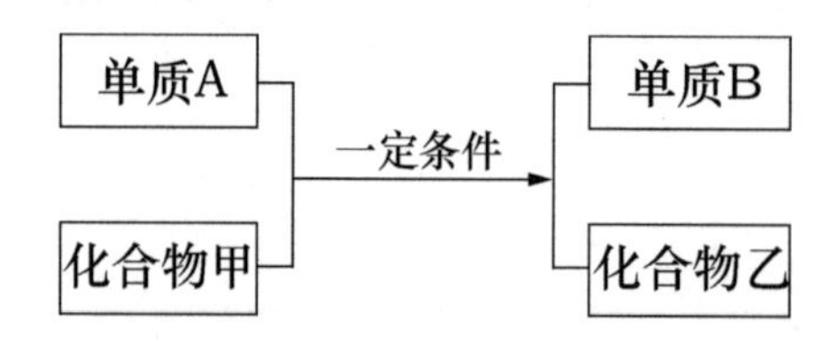

（二）分解反应与化合反应

学一学

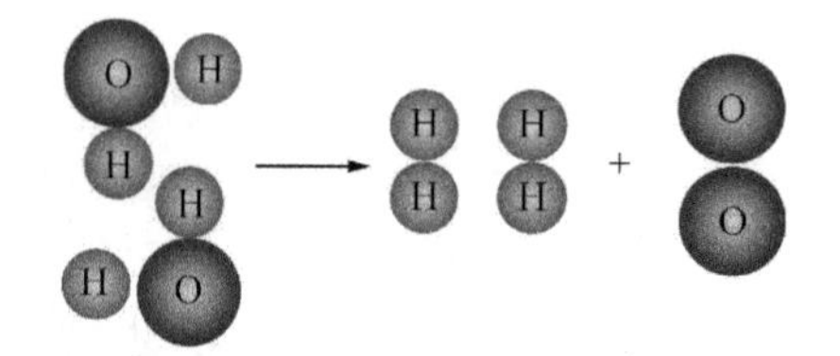

shuǐ de fēn jiě fǎn yìng shì yì tú
图 7.9 水的分解反应示意图

由一种物质生成两种或两种以上其他物质的反应，叫做分解反应。分解反应的通式可表示为：AB ══ A＋B

由两种或两种以上物质生成另一种物质的反应，叫做化合反应。化合反应的通式可表示为：A＋B ══ AB

（三）复分解反应

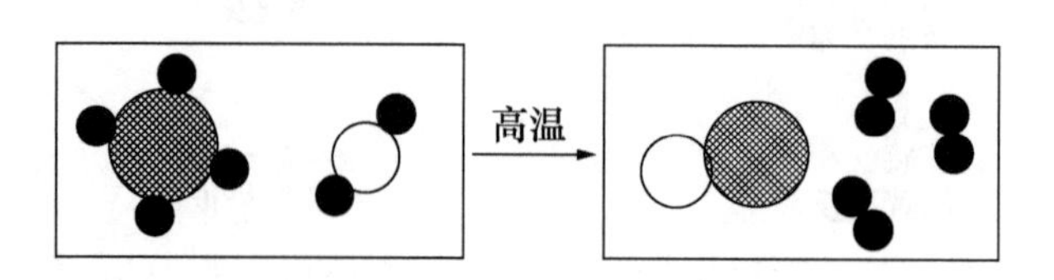

fù fēn jiě fǎn yìng shì yì tú
图 7.10 复分解反应示意图

由两种化合物互相交换成分，生成另外两种化合物的反应，叫做复分解反应。复分解反应的通式可表示为：AB＋CD ══ AC＋BD

小结：化学反应从不同的角度可以有多种分类方法。

根据反应物和生成物的类别以及反应前后物质种类的多少，可以把化学反应分为化合反应、分解反应、置换反应、复分解反应。

练一练

1. 请说出下列反应的反应类型。

A. $CuSO_4 + H_2S = CuS\downarrow + H_2SO_3$ (　　　　)

B. $Fe_2O_3 + 3C = 4Fe + 3CO_2\uparrow$ (　　　　)

C. $2Cu + O_2 = 2CuO$ (　　　　)

D. $Cl_2 + 2KI = 2KCl + I_2$ (　　　　)

E. $Cu(OH)_2 = CuO + H_2O$ (　　　　)

F. $NaCl + AgNO_3 = AgCl\downarrow + NaNO_3$ (　　　　)

第四节　化学反应的类型（2）

读一读

氧化还原反应	yǎnghuà huányuán fǎnyìng	oxidation-reduction reaction/ redox reaction
非氧化还原反应	fēiyǎnghuà huányuán fǎnyìng	non-oxidation-reduction reaction
还原反应	huányuán fǎnyìng	reduction reaction
电子转移	diànzǐ zhuǎnyí	electron transfer
氧化反应	yǎnghuà fǎnyìng	oxidation reaction
还原剂	huányuánjì	reducing agent
氧化剂	yǎnghuàjì	oxidizing agent

（一）氧化还原反应

学一学

化学反应还可以有其他的分类方法。根据化学反应中是否有电子转移

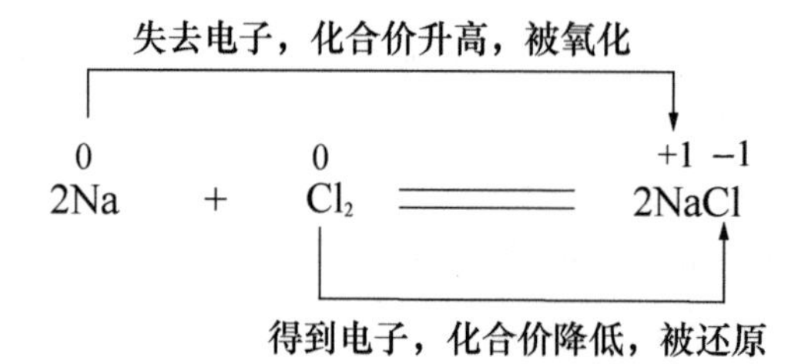

（得失或偏移），可以将化学反应分为氧化还原反应和非氧化还原反应两类。凡有电子转移（得失或偏移）的反应都是氧化还原反应。凡没有电子转移的反应，就是非氧化还原反应。

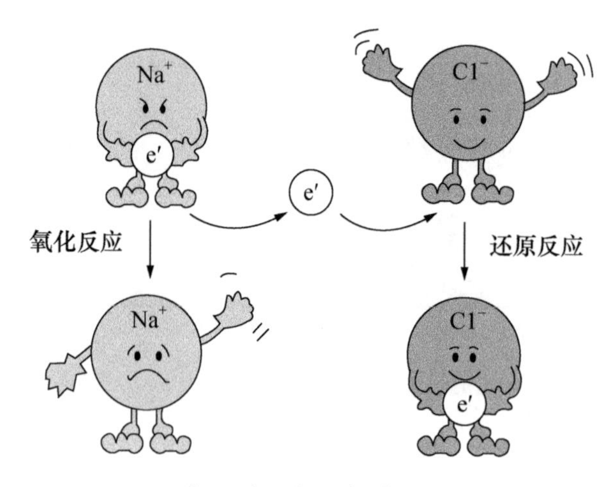

yǎng huà huán yuán fǎn yìng shì yì tú
图 7.11 氧化还原反应示意图

在钠与氯气的反应中，钠失去电子，氧化数升高，被氧化，发生氧化反应；氯气得到电子，氧化数降低，被还原，发生还原反应。这两个过程是在一个反应中同时发生的，称为氧化还原反应。

在氢气与氯气的反应（$2H_2 + Cl_2 = 2HCl$）中，没有电子得失，只有共用电子对的偏移，共用电子对偏离于氢原子而偏向于氯原子。因此，氢的氧化数升高，氯的氧化数降低，也是氧化还原反应。

（二）氧化剂和还原剂

学一学

在氧化还原反应中，得到电子（或电子对偏向）的物质叫做氧化剂；失去电子（或电子对偏离）的物质叫做还原剂。在上面的反应中，氯气是氧化剂；钠和氢气是还原剂。

练一练

1.（1）下列反应中属于氧化还原反应的在括号内打“√”，属于非氧化还原反应的请打“×”。

A. $CuSO_4 + H_2S = CuS\downarrow + H_2SO_3$　（　　）

B. $Fe_2O_3 + 3C = 4Fe + 3CO_2\uparrow$　（　　）

C. $2Cu + O_2 = 2CuO$　（　　）

D. $Cl_2 + 2KI = 2KCl + I_2$　（　　）

E. $Cu(OH)_2 = CuO + H_2O$　（　　）

F. $NaCl + AgNO_3 = AgCl\downarrow + NaNO_3$　（　　）

G. $Fe + CuSO_4 = FeSO_4 + Cu$　（　　）

H. $Cu + AgNO_3 = CuNO_3 + Ag$　（　　）

（2）上面反应中是氧化还原反应的请指出其中的氧化剂和还原剂。

2. 在盐酸与铁钉的反应中，盐酸是（　　）

A. 氧化剂　　B. 还原剂

C. 被氧化　　D. 被还原

3. 在反应 $2H_2O_2 = 2H_2O + O_2$ 中，H_2O_2（　　）

A. 是氧化剂　　B. 是还原剂

C. 既是氧化剂，又是还原剂　　D. 既不是氧化剂，又不是还原剂

第五节　氧化还原反应方程式的配平

（一）氧化数的变化和电子转移

学一学

氧化还原反应的本质是电子发生了转移，反应前后元素的氧化数有升降的变化，而且氧化数升降的总数（即电子转移的总数）一定相等。根据这个原则配平氧化还原反应。

请配平下列氧化还原反应

$$C + HNO_3 \longrightarrow NO_2 + CO_2 + H_2O$$

（二）氧化还原反应的配平

学一学

配平步骤：

（1）写出反应物和生成物的化学式，标出发生氧化反应和还原反应的元素的正负氧化数。

$$\overset{0}{C}+H\overset{+5}{N}O_3 —— \overset{+4}{N}O_2+\overset{+4}{C}O_2+H_2O$$

（2）标出反应前后元素氧化数的变化。

−4e

+e

C氧化数升高4（0 ⟶ +4）

$$\overset{0}{C}+H\overset{+5}{N}O_3 —— \overset{+4}{N}O_2+\overset{+4}{C}O_2+H_2O$$

N的氧化数降低1（+5 ⟶ +4）

（3）使氧化数升高和降低的总数相等。

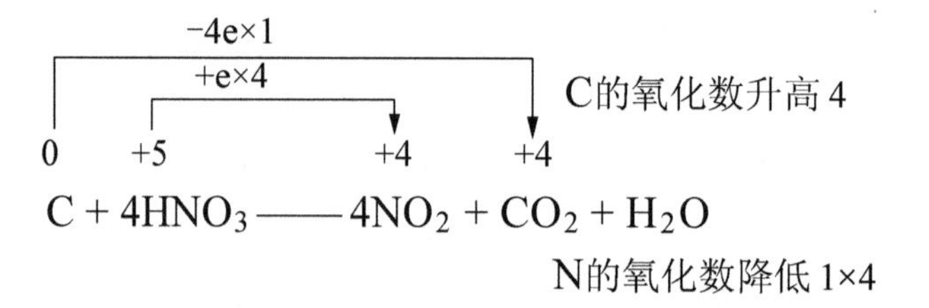

（4）配平其他物质，使各元素原子总数不变，配平后把单线改成等号。

$$C+4HNO_3 = 4NO_2\uparrow+CO_2\uparrow+2H_2O$$

练一练

配平下列化学方程式：

（1）$KMnO_4+K_2SO_4 —— MnSO_4+K_2SO_4+H_2O$

（2）$Cl_2+NaOH —— NaCl+NaClO_3+H_2O$

（3）$MnO_2+HCl —— MnCl_2+Cl_2+H_2O$

（4）$FeS_2+O_2 —— Fe_2O_3+SO_2$

【本 章 小 结】

1. 电解质的分类

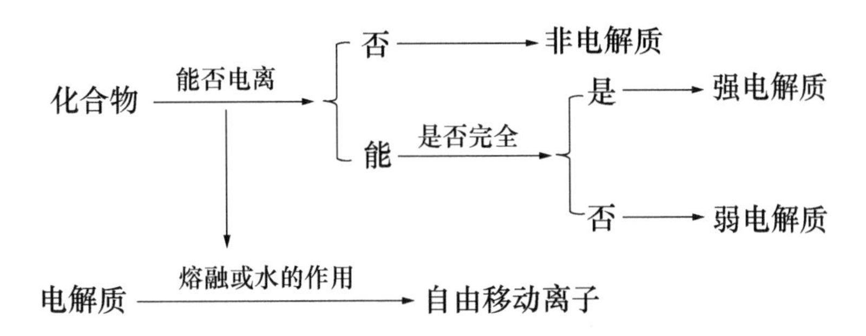

2. 离子反应：离子参加的反应叫做离子反应。
3. 离子方程式的书写
4. 化学反应的类型

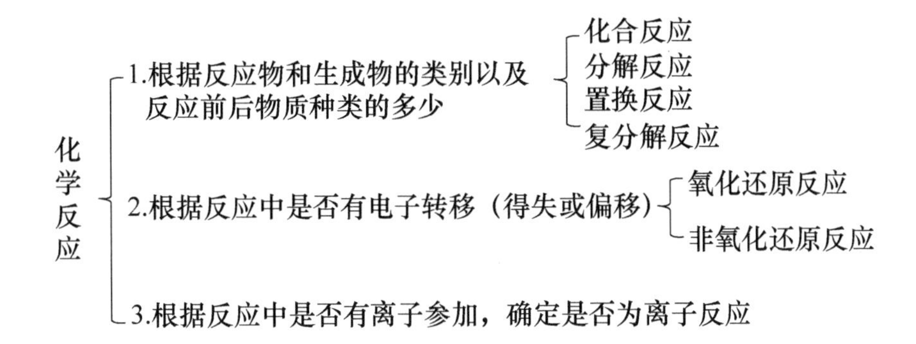

第八章　元素周期律和元素周期表
Periodic Law and the Periodic Table

你知道吗？

宇宙万物是由元素构成的。各种元素的性质不同，具有不同的用途。它们的性质是否具有规律呢？让我们了解一下元素周期律吧。

在元素周期律的指导下，科学家们不仅找到了地球上存在的 94 种元素，而且通过核反应合成出了 20 多种新元素。

第一节　元素周期律

读一读

元素周期律	yuánsù zhōuqīlǜ	periodic law of elements
半径	bànjìng	radius
周期性	zhōuqīxìng	periodicity
原子序数	yuánzǐ xùshù	atomic number

（一）元素周期律

学一学

人们按核电荷由小到大给元素编号，此序号称为该元素的原子序数（atomic number）。随着元素原子序数的递增，元素性质也呈周期性变化。这个规律叫做元素周期律。

1. 最外层电子排布周期性变化

$_{1}H$ (+1) 1							(+2) 2
$_{3}Li$ (+3) 2 1	$_{4}Be$ (+4) 2 2	$_{5}B$ (+5) 2 3	$_{6}C$ (+6) 2 4	$_{7}N$ (+7) 2 5	$_{8}O$ (+8) 2 6	$_{9}F$ (+9) 2 7	$_{10}Ne$ (+10) 2 8
$_{11}Na$ (+11) 2 8 1	$_{12}Mg$ (+12) 2 8 2	$_{13}Al$ (+13) 2 8 3	$_{14}Si$ (+14) 2 8 4	$_{15}P$ (+15) 2 8 5	$_{16}S$ (+16) 2 8 6	$_{17}Cl$ (+17) 2 8 7	$_{18}Ar$ (+18) 2 8 8
$_{19}K$ (+19) 2 8 8 1	$_{20}Ca$ (+20) 2 8 8 2						

图 8.1

2. 原子半径周期性变化

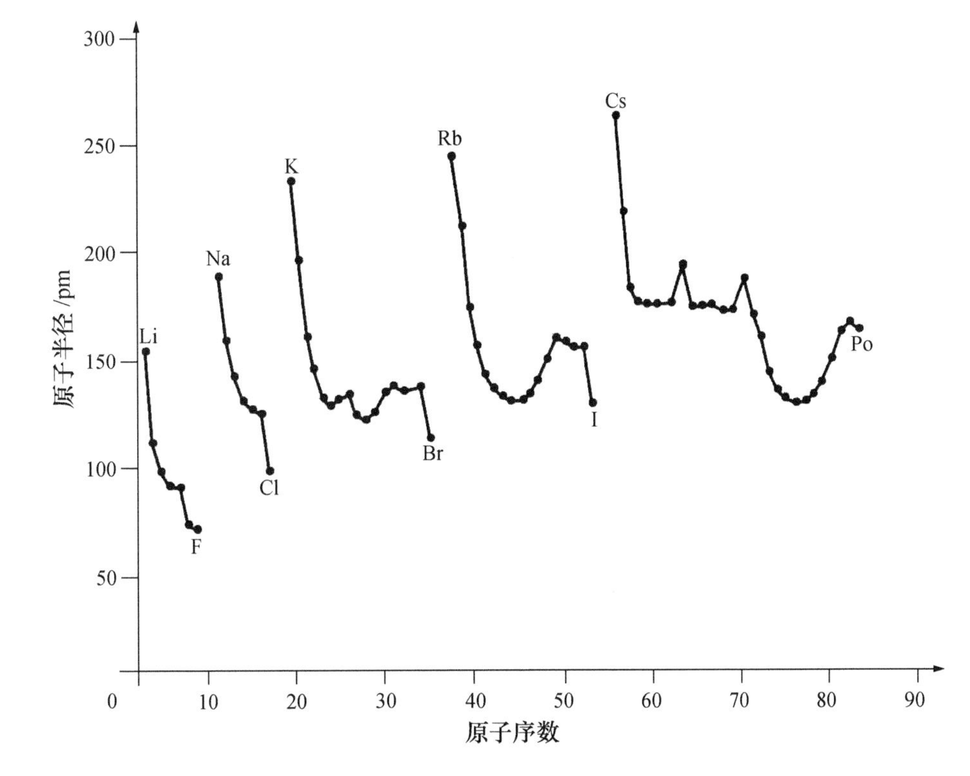

图 8.2

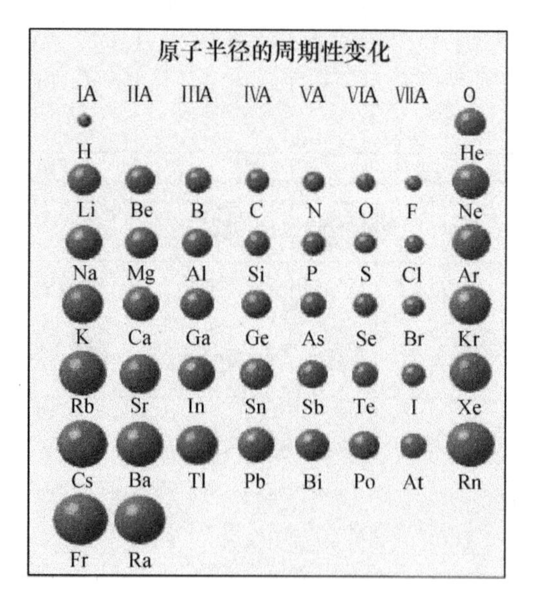

图 8.3

练一练

1. 元素的性质随着原子序数的递增呈现周期性变化的原因是（　　）
   A. 元素原子的核外电子排布呈周期性变化
   B. 元素原子的电子层数呈周期性变化
   C. 元素的化合价呈周期性变化
2. 在下列元素中，原子半径最小的是（　　）
   A. N　　B. F　　C. Mg　　D. Cl
3. 原子序数从 3～10 的元素，随着核电荷数的递增而逐渐增大的是（　　）
   A. 电子层数　　B. 电子数　　C. 原子半径　　D. 化合价

第二节　元素周期表

（一）元素周期表

学一学

科学家们在元素周期律的基础上排列出元素周期表，可以更简单明了地表现元素性质的内在联系。

Periodic Table of the Elements

	ⅠA	ⅡA	ⅢB	ⅣB	ⅤB	ⅥB	ⅦB	Ⅷ	Ⅷ	Ⅷ	ⅠB	ⅡB	ⅢA	ⅣA	ⅤA	ⅥA	ⅦA	0
1	1 H																	2 He
2	3 Li	4 Be											5 B	6 C	7 N	8 O	9 F	10 Ne
3	11 Na	12 Mg											13 Al	14 Si	15 P	16 S	17 Cl	18 Ar
4	19 K	20 Ca	21 Sc	22 Ti	23 V	24 Cr	25 Mn	26 Fe	27 Co	28 Ni	29 Cu	30 Zn	31 Ga	32 Ge	33 As	34 Se	35 Br	36 Kr
5	37 Rb	38 Sr	39 Y	40 Zr	41 Nb	42 Mo	43 Tc	44 Ru	45 Rh	46 Pd	47 Ag	48 Cd	49 In	50 Sn	51 Sb	52 Te	53 I	54 Xe
6	55 Cs	56 Ba	57 *La	72 Hf	73 Ta	74 W	75 Re	76 Os	77 Ir	78 Pt	79 Au	80 Hg	81 Tl	82 Pb	83 Bi	84 Po	85 At	86 Rn
7	87 Fr	88 Ra	89 +Ac	104 Rf	105 Ha	106 106	107 107	108 108	109 109	110 110								

族

周期

图 8.4

先把电子层数相同的元素，按原子序数递增的顺序从左到右排成行；再把不同行中最外层电子数相同的元素，按电子层递增的顺序由上到下排成列，就得到元素周期表。

每种元素在周期表中都有编号，这个编号就是原子序数。

读一读

元素周期表	yuánsù zhōuqībiǎo	periodic table of the elements
族	zú	group
惰性气体	duòxìng qìtǐ	inert gas
周期	zhōuqī	period
碱金属	jiǎnjīnshǔ	alkali metal
碱土金属	jiǎntǔ jīnshǔ	alkaline earth metal
卤素	lǔsù	halogen

（二）元素周期表的结构

学一学

1. 周期

周期表中每一横行称为周期。每一周期的元素具有相同的电子层。周期可分为长周期和短周期：第一、二、三周期为短周期，第四、五、六周期为长周期。

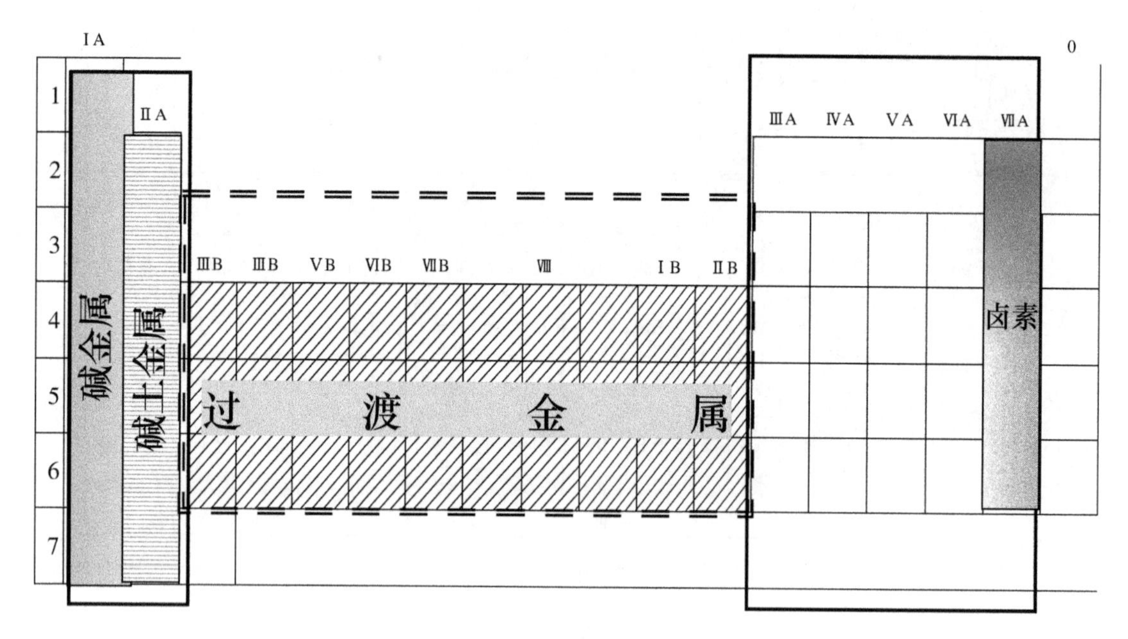

图 8.5

2. 族

周期表中每一纵行称为族。每一族的元素具有相同的价电子，具有相似的性质。族可分为主族和副族：主族元素的族序数为ⅠA、ⅡA、ⅢA…ⅦA，副族元素的族序数为ⅠB、ⅡB…ⅦB、Ⅷ，稀有气体元素（Ⅷ）为0族。零族元素化学性质稳定，又称为惰性元素。它的单质称为惰性气体，因在自然界中含量少，也称稀有气体。

在元素周期表中，同一主族和同一周期的元素性质存在一定的递变规律。

（三）认识周期表中的各族元素

学一学

周期表第ⅠA族元素包括锂、钠、钾、铷、铯、钫6种元素，又称为碱金属。周期表第ⅡA族元素包括铍、镁、钙、锶、钡、镭6种元素，又称为碱土金属。它们的最外电子层只有一个或二个电子，反应时很容易失去该电子，因此是非常活泼的金属。其中铯是所有元素中金属性最强的。

周期表第ⅦA族元素包括氟、氯、溴、碘、砹5种元素，总称为卤素（卤素是成盐元素的意思）。卤素是非金属元素，其中氟是所有元素中非金属性最强的。

零族（Ⅷ）元素化学性质稳定，又称为惰性元素，包括氦、氖、氩、氪、氙、氡6种元素。它的单质称为惰性气体，因在自然界中含量少，也称稀有气体。

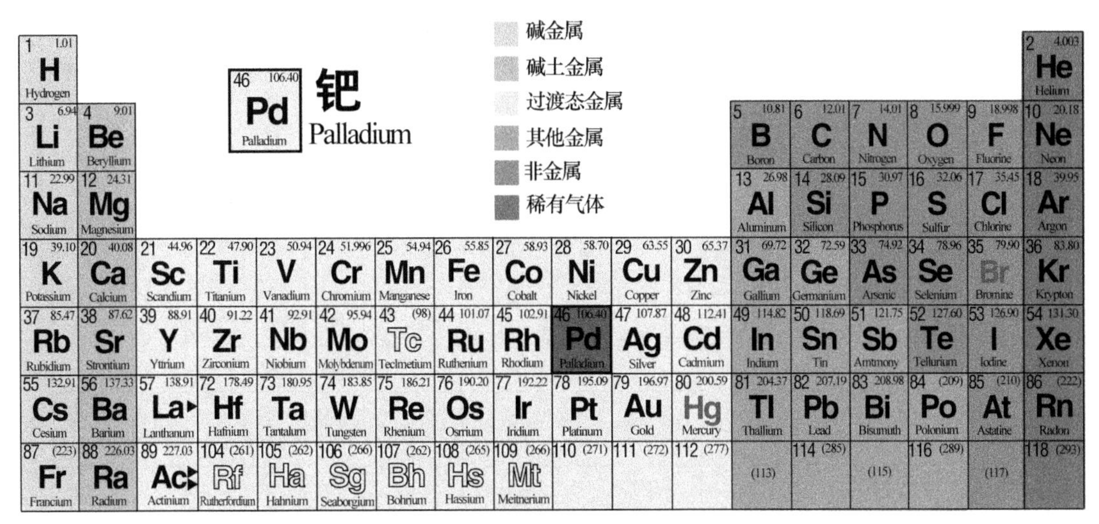

图 8.6

练一练

1. 元素周期表中共有________个横行，即________个周期。除第一和第七周期外，每一周期的元素都是从________元素开始，以________元素结束。
2. 同一周期的主族元素，从左到右，原子半径逐渐________；失电子能力逐渐________，得电子能力逐渐________；金属性逐渐________，非金属性逐渐________。
3. 主族元素的最高正化合价一般等于其__________序数，非金属元素的负化合价等于__________。

（四）元素性质的递变规律

学一学

1. 金属性与非金属性

金属原子容易失去电子，所以失去电子的能力称为金属性。非金属元素不容易失去电子，容易得到电子，所以得到电子的能力称为非金属性。

同周期的元素随原子序数增大，金属性减小，非金属性增大。同族元素从上到下，金属性增大，非金属性减小。

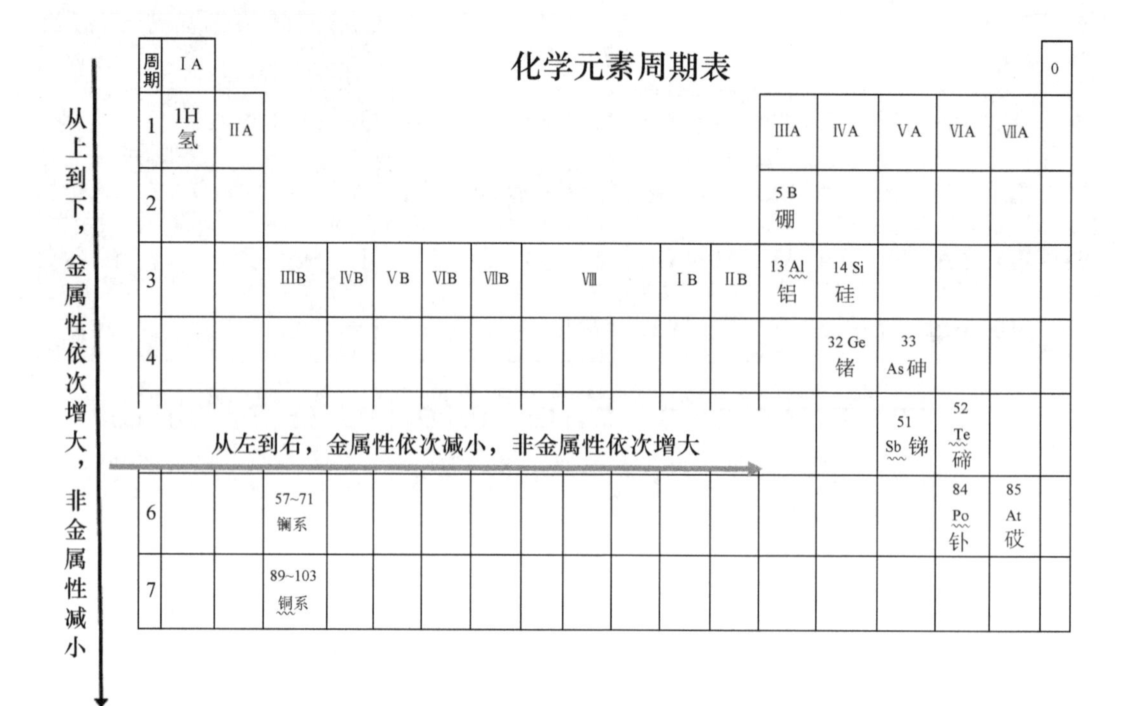

图 8.7

2. 原子半径

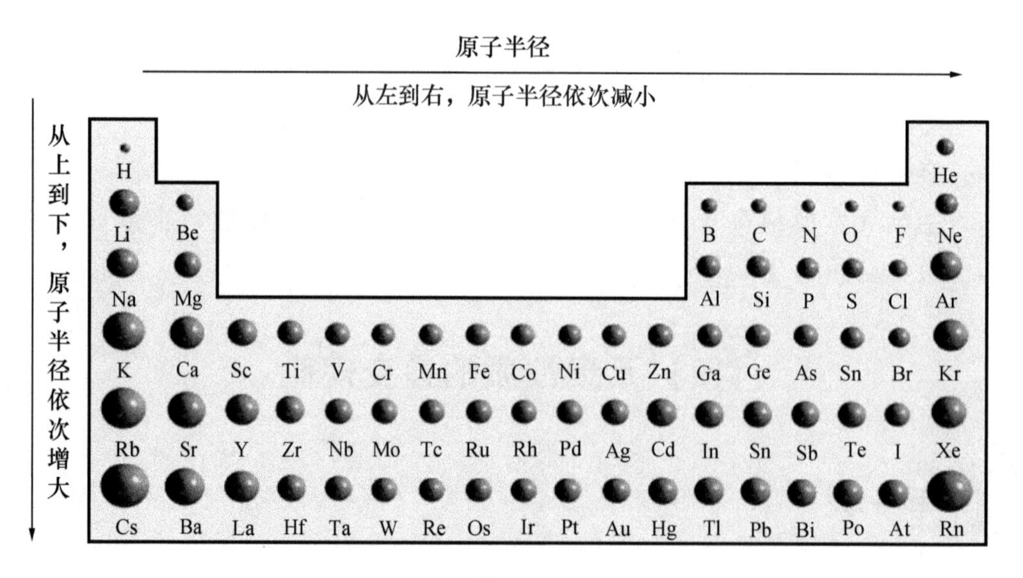

图 8.8

练一练

1. 指出下列元素属于非金属元素还是金属元素？并在表内相应处打“√”。

元素符号	Al	Si	Mg	Fe	P	C	Br	Au	Ca	Cl	Mn	B	Ba	I
金属元素														
非金属元素														

2. 元素周期表中元素根据（　　　　　　　　）排列。表中元素 F、Cl 处于同一（　　　　），元素 Na、Mg、P 处于同一（　　　　）。

3. 查阅元素周期表，指出下列元素在周期表中的位置。

（1）钾________________

（2）钙________________

（3）铝________________

（4）铁________________

（5）氧________________

（6）氯________________

（7）氖________________

4. 在元素周期表中，金属性最强的元素是（　　），非金属性最强的元素是（　　）。

5. 比较下列元素的原子半径，在题后的括号内填“>”或“<”。

（1）钠与铝　（　　）

（2）碳与氟　（　　）

（3）钠与钾　（　　）

（4）氧与硫　（　　）

6. 已知元素 A、B、C、D 的原子序数分别为 6、8、11、13，试回答：

（1）它们各是什么元素？

（2）不看周期表，你如何来推断它们各位于哪一周期，哪一族？

（3）写出单质 A 与 B、B 与 C、B 与 D 反应的化学方程式。

（五）知识拓展：电负性（electronegativity）

学一学

元素得失电子的能力可用电负性来表示。电负性越大，元素越不容易失电子，越易得电子，非金属性越强，金属性越弱。零族元素的电负性为0。

【本章小结】

1. 元素周期律

元素性质随着核电荷数（原子序数）的递增，而呈现出周期性变化的规律，称为元素周期律。

2. 元素周期表

元素周期表体现了元素周期律，反映了元素性质的变化规律。元素周期表共包括了7个周期和16个族。

相同周期元素的原子具有相同的电子层数。

同主族元素的原子具有相同的最外层电子数。

3. 同周期主族元素性质的递变规律

（1）原子半径逐渐减小。

（2）元素金属性逐渐减弱，非金属性逐渐增强。

4. 同主族元素性质的递变规律

（1）原子半径逐渐增大

（2）元素金属性逐渐增强，非金属性逐渐减弱。

第九章　常见有机化合物
Organic Compounds

你知道吗？

世界上绝大多数的含碳化合物，都是有机化合物（简称有机物）。有机化合物与人类的关系非常密切，在人们的衣、食、住、行、医疗保健、工农业生产及能源等领域中都起着重要的作用。

第一节　烃　类

读一读

烃类	tīnglèi	hydrocarbon
碳氢化合物	tànqīng huàhéwù	hydrocarbon
烷烃	wántīng	alkane
烯烃	xītīng	olefins
炔烃	quētīng	alkyne
芳香烃	fāngxiāngtīng	aromatic hydrocarbon

（一）烃　类

学一学

组成有机物的元素除碳外，通常还有氢、氧、氮、硫、卤素、磷等。仅含碳和氢两种元素的有机物称为碳氢化合物，又称烃。根据结构的不同，烃可分为烷烃、烯烃、炔烃、芳香烃等，每一类烃中又各有许多种化合物。

读一读

甲烷	jiǎwán	methane
沼气	zhǎoqì	biogas
氯仿	lǜfǎng	trichloromethane
取代反应	qǔdài fǎnyìng	substitution reaction

（二）甲烷和烷烃

学一学

甲烷是最简单的有机物，是沼气、天然气、坑道气和油田气的主要成分。甲烷的分子式是 CH_4，在甲烷分子中，碳原子以最外电子层上的 4 个电子分别与 4 个氢原子的电子形成 4 个共价键。甲烷的电子式可以表示为：

$$\begin{array}{ccc} & H & \\ & \times\cdot & \\ H\,_\times^\cdot & C & _\cdot^\times\,H \\ & \cdot\times & \\ & H & \end{array} \quad \text{或者} \quad \begin{array}{ccc} & H & \\ & | & \\ H- & C & -H \\ & | & \\ & H & \end{array} \text{（结构式）}$$

1. 甲烷的化学性质

（1）甲烷是很好的燃料，在空气里容易燃烧生成二氧化碳和水同时放出大量的热。

$$CH_4 + 2O_2 \xrightarrow{\text{点燃}} CO_2 + 2H_2O$$

（2）在光照的条件下，CH_4 与 Cl_2 会发生下述反应：

$$\begin{array}{c} H \\ | \\ H-C-H \\ | \\ H \end{array} + Cl-Cl \xrightarrow{\text{光}} \begin{array}{c} H \\ | \\ H-C-Cl \\ | \\ H \end{array} + H-Cl$$

一氯甲烷

反应并未终止，生成的一氯甲烷继续与氯气反应，依次生成二氯甲烷、三氯甲烷（又叫氯仿）和四氯甲烷（又叫四氯化碳）。它们是常用的有机溶剂。这些反应可分别表示如下：

$$\begin{array}{c}\text{H}\\|\\\text{H—C—}\\|\\\text{Cl}\end{array}\!\!\boxed{\text{H+Cl}}\text{—Cl}\xrightarrow{\text{光}}\begin{array}{c}\text{H}\\|\\\text{H—C—Cl}\\|\\\text{Cl}\end{array}\text{+H—Cl}$$

二氯甲烷

$$\begin{array}{c}\text{H}\\|\\\text{H—C—}\\|\\\text{Cl}\end{array}\!\!\boxed{\text{H+Cl}}\text{—Cl}\xrightarrow{\text{光}}\begin{array}{c}\text{H}\\|\\\text{H—C—Cl}\\|\\\text{Cl}\end{array}\text{+H—Cl}$$

三氯甲烷

$$\begin{array}{c}\text{H}\\|\\\text{H—C—}\\|\\\text{Cl}\end{array}\!\!\boxed{\text{H+Cl}}\text{—Cl}\xrightarrow{\text{光}}\begin{array}{c}\text{Cl}\\|\\\text{H—C—Cl}\\|\\\text{Cl}\end{array}\text{+H—Cl}$$

四氯甲烷

在这些反应里，甲烷分子里的氢原子逐步被氯原子所取代，生成四种取代产物。这种有机物分子里的某些原子或原子团被其他原子或原子团所代替的反应叫做取代反应。

练一练

1. 甲烷的分子式为________，电子式为________，结构式为________。
2. 甲烷与氯气反应，生成物有________种，其中________是非极性分子，它的结构式是________，常用做溶剂的是________和________。
3. 下述关于烃的说法中，正确的是（　　）
   A. 烃是指分子里含有碳、氢元素的化合物
   B. 烃是指分子里含碳元素的化合物
   C. 烃是指燃烧反应后生成二氧化碳和水的有机物
   D. 烃是指仅由碳和氢两种元素组成的化合物
4. 在下述条件下，能发生化学反应的是（　　）
   A. 甲烷与氧气混合并置于光照下
   B. 在密闭容器中使甲烷受热至1000℃以上
   C. 将甲烷通入高锰酸钾酸性溶液中
   D. 将甲烷通入热的强碱溶液中

2. 烷烃

同甲烷一样，碳原子之间都以碳碳单键结合成链状，碳原子剩余的价键全部跟氢原子相结合。这样的结合使每个碳原子的化合价都已充分利用，都达到“饱和”。这样的烃叫做饱和链烃，又叫烷烃。

读一读

乙烯	yǐxī	ethane
塑料	sùliào	plastic
合成纤维	héchéng xiānwéi	synthetic fiber
双键	shuānjiàn	double bond
三键	sānjiàn	triple bond
加成反应	jiāchéng fǎnyìng	addition reaction

（三）乙烯和烯烃

学一学

乙烯是石油化学工业最重要的基础原料，它主要用于制造塑料、合成纤维、有机溶剂等。一个国家乙烯工业的发展水平，已成为衡量这个国家石油化学工业水平的重要标志之一。

在通常状况下，乙烯是一种无色、稍有气味的气体。它难溶于水，在标准状况时的密度为 1.25 g/L，比空气的密度略小。乙烯的分子里含有碳碳双键，乙烯的分子式是 C_2H_4，结构式是：

$$\begin{array}{ccccccc} & & H & & H & & \\ & & | & & | & & \\ H & — & C & = & C & — & H \end{array} \quad 或 \quad CH_2 = CH_2 \quad （结构简式）$$

1. 乙烯的化学性质

（1）乙烯在空气中燃烧，火焰明亮并伴有黑烟。跟甲烷一样，乙烯在空气中燃烧也生成二氧化碳和水：

$$CH_2 = CH_2 + 3O_2 \xrightarrow{点燃} 2CO_2 + 2H_2O$$

乙烯含碳的质量分数比较高，燃烧时由于碳没有得到充分燃烧，所以有黑烟产生。

（2）把乙烯通入盛有溴水的试管中，可以看到，乙烯通入溴水后，溴水的红棕色很快褪去，说明乙烯与溴发生了反应。此反应中，乙烯双键中的一个键断裂，两个溴原子分别加在两个价键不饱和的碳原子上，生成无色的1,2-二溴乙烷液体：

$$\mathrm{H-\underset{}{\overset{H}{\overset{|}{C}}}=\overset{H}{\overset{|}{C}}-H + Br-Br \longrightarrow H-\underset{\underset{Br}{|}}{\overset{H}{\overset{|}{C}}}-\underset{\underset{Br}{|}}{\overset{H}{\overset{|}{C}}}-H}$$

1,2-二溴乙烷

这种有机物分子中双键（或三键）两端的碳原子与其他原子或原子团直接结合生成新的化合物的反应，叫做加成反应。

（3）乙烯不仅可以与溴发生加成反应，还可以与水、氢气、卤化氢、氯气等在一定的条件下发生加成反应。例如：

$$CH_2=CH_2+H_2O \xrightarrow{\text{催化剂}} CH_3CH_2OH$$

工业上可以利用乙烯与水的加成反应，即乙烯水化法制取乙醇

（4）把乙烯通入盛有 $KMnO_4$ 酸性溶液的试管中，可以看到：

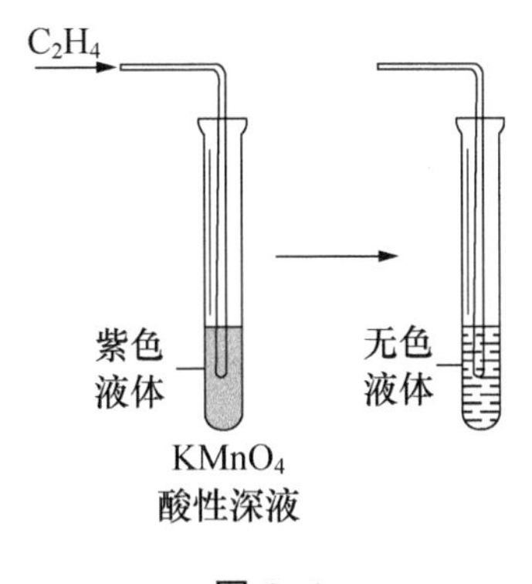

图 9.1

通入乙烯后，$KMnO_4$ 酸性溶液的紫色很快褪去。这说明乙烯能被氧化剂 $KMnO_4$ 氧化，它的化学性质比烷烃活泼。利用这个反应可以区别甲烷和乙烯。

2. 烯烃

分子中含有碳碳双键的一类链烃叫做烯烃。由于烯烃分子中双键的存在，使得烯烃分子中含有的氢原子数，比相同碳原子数的烷烃分子中所含氢原子数少2个，而且相邻两种烯烃在组成上，也是相差一个“CH_2”原子团。所以，烯烃的通式是 C_nH_{2n}。乙烯是最简单的烯烃。

练一练

1. 烯烃是分子里含有______键的不饱和烃的总称。烯烃的通式为______。
2. 烯烃能使高锰酸钾酸性溶液和溴水褪色，其中，与高锰酸钾发生的反应是______反应；与溴水发生的反应是______反应。
3. 下列物质中，不能使溴水和高锰酸钾酸性溶液褪色的是（　　）

   A. C_2H_4　　B. C_3H_6

   C. C_5H_{12}　　D. C_4H_8

读一读

乙炔	yǐquē	acetylene
焊接	hànjiē	welding

（四）乙炔和炔烃

学一学

纯的乙炔是没有颜色、没有气味的气体。由电石产生的乙炔因常混有 PH_3、H_2S 等杂质而有特殊难闻的臭味。在标准状况下，乙炔的密度是 1.16 g/L，比空气的密度略小，微溶于水，易溶于有机溶剂。

1. 乙炔的化学性质

（1）乙炔燃烧时，火焰明亮并伴有浓烈的黑烟。这是因为乙炔含碳的质量分数比乙烯还高，碳没有完全燃烧的缘故。

$$2C_2H_2+5O_2\xrightarrow{\text{点燃}}4CO_2+2H_2O$$

乙炔燃烧时放出大量的热，如在氧气中燃烧，产生的氧炔焰的温度可达3000℃以上。因此，可用氧炔焰来焊接或切割金属。乙炔和空气（或氧气）的混合物遇火时可能发生爆炸，在生产和使用乙炔时，一定要注意安全。

（2）加成反应

乙炔通入溴水后，溴水的颜色逐渐褪去。这说明乙炔也能与溴水发生加成反应。反应过程可分步表示如下：

$$H—C\equiv C—H + Br—Br \longrightarrow \underset{\text{Br}\quad\text{Br}}{H—C=C—H}$$

1,2-二溴乙烯

$$\underset{\text{Br}\quad\text{Br}}{H—C=C—H} + Br—Br \longrightarrow \underset{\text{Br}\quad\text{Br}}{H—C=C—H}$$

1,1,2,2-四溴乙烯

与乙烯类似，在一定的条件下，乙炔也能与氢气、氯化氢等发生加成反应。

2. 炔烃

分子里含有碳碳三键的一类链烃叫做炔烃。炔烃分子里氢原子的数目比含相同碳原子数目的烯烃分子还要少2个，相邻炔烃之间也是相差一个“CH_2”原子团，所以炔烃的通式是 C_nH_{2n-2}。乙炔是最简单的炔烃。

练一练

1. 现有6种链烃：C_8H_{16}、C_9H_{16}、$C_{15}H_{32}$、$C_{17}H_{34}$、C_7H_{14} 和 C_8H_{14}，它们分别属于烷烃、烯烃、炔烃，请在表中相应处打“√”。

链烃分子式	C_8H_{16}	C_9H_{16}	$C_{15}H_{32}$	$C_{17}H_{34}$	C_7H_{14}	C_8H_{14}
烷　烃						
烯　烃						
炔　烃						

2. 下列有关乙炔性质的叙述中，既不同于乙烯又不同于乙烷的是（　　）
   A. 能燃烧生成二氧化碳和水
   B. 能发生加成反应
   C. 能与高锰酸钾发生氧化反应
   D. 能与氯化氢反应生成氯乙烯
3. 相同质量的下列各烃，完全燃烧后生成 CO_2 最多的是（　　）
   A. 甲烷　　B. 乙烷
   C. 乙烯　　D. 乙炔
4. 1 mol 某气态烃完全燃烧，生成 3 mol CO_2 和 2 mol H_2O，此烃是（　　）
   A. C_3H_4　　B. C_3H_6
   C. C_3H_8　　D. C_4H_{10}

第二节　苯与芳香烃

读一读

苯	běn	benzene
合成橡胶	héchéng xiàngjiāo	synthetic rubber
农药	nóngyào	pesticide
染料	rǎnliào	dye
香料	xiāngliào	spice
硝基	xiāo jī	nitro

（一）苯

学一学

苯是一种重要的化工原料，它广泛用于生产合成纤维、合成橡胶、塑料、农药、医药、染料和香料等。苯是没有颜色，带有特殊气味的液体，苯有毒，不溶于水，密度比水小，熔点为 5.5℃，沸点为 80.1℃。

苯的分子式是 C_6H_6。从苯分子中的碳、氢原子比来看，苯是一种远没有达到饱和的烃。经过科学家长期的研究，认为苯分子的结构式可以表示为：

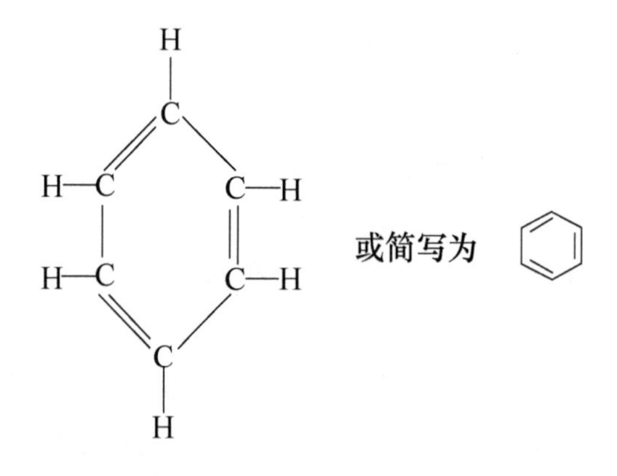

对苯分子结构的进一步研究表明，苯分子里不存在一般的碳碳双键，苯分子里 6 个碳原子之间的键完全相同，这是一种介于单键和双键之间的独特的

键。苯分子里的 6 个碳原子和 6 个氢原子都在同一平面上。为了表示苯分子的结构特点，常用结构式 ⌬ 来表示苯分子。

（二）苯的化学性质

学一学

苯不能被高锰酸钾氧化，一般情况下也不能与溴发生加成反应，说明苯的化学性质比烯烃、炔烃稳定。但是在一定条件下，苯也能发生某些化学反应。

1. 苯的燃烧

像大多数有机化合物一样，苯也可以在空气中燃烧，生成二氧化碳和水，并伴有明亮的带有浓烟的火焰。

$$2C_6H_6 + 15O_2 \xrightarrow{\text{点燃}} 12CO_2 + 6H_2O$$

2. 取代反应——苯较易发生取代反应

（1）苯与溴的反应

在有催化剂存在时，苯与溴发生反应，苯环上的氢原子被溴原子取代，生成溴苯。溴苯是无色液体，密度大于水。苯与溴反应的化学方程式是：

$$C_6H_6 + Br_2 \xrightarrow{\text{催化剂}} C_6H_5{-}Br + HBr$$

溴苯

在催化剂的作用下，苯也可以与其他卤素发生取代反应。

（2）苯的硝化反应

苯与浓硝酸和浓硫酸的混合物共热至 55℃～60℃ 发生反应，苯环上的氢原子被硝基（$-NO_2$）取代，生成硝基苯：

$$C_6H_6 + HO{-}NO_2 \xrightarrow{\text{催化剂}} C_6H_5{-}NO_2 + H_2O$$

硝基苯

苯分子里的氢原子被$-NO_2$ 所取代的反应，叫做硝化反应。硝酸分子中的“$-NO_2$”原子团叫做硝基。

（3）苯的磺化反应

苯与浓硫酸共热至 70～80℃时发生反应，生成苯磺酸（$-C_6H_4-SO_3H$）。

$$C_6H_6 + HO-SO_3H \xrightarrow{\triangle} C_6H_5-SO_3H + H_2O$$

苯磺酸

在这个反应中，苯分子里的氢原子被硫酸分子里的磺酸基（$-SO_3H$）取代，这样的反应叫做磺化反应。

3. 苯的加成反应

虽然苯不具有典型的碳碳双键所应有的加成反应的性质，但在特定的条件下，苯仍然能发生加成反应。例如，在有镍催化剂的存在和180～250℃的条件下，苯可以与氢气发生加成反应，生成环己烷（C_6H_{12}）。

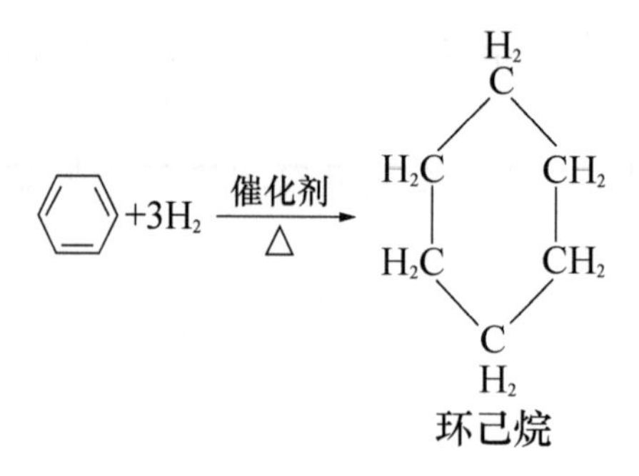

环己烷

（三）芳香烃

学一学

在有机化合物中，有很多分子里含有一个或多个苯环的碳氢化合物，这样的化合物属于芳香烃，简称芳烃。苯是最简单、最基本的一种芳烃。

练一练

1. 芳香族烃是指__________________。
2. 下列物质中，在一定条件下既能起加成反应，也能起取代反应，但不能使$KMnO_4$酸性溶液褪色的是（　　）
   A. 乙烷　　B. 苯　　C. 乙烯　　D. 乙炔
3. 下列各烃中，完全燃烧时生成的二氧化碳与水的物质的量之比为2∶1的是（　　）
   A. 乙烷　　B. 乙烯
   C. 乙炔　　D. 苯

4. 苯与乙烯、乙炔相比较，下列叙述中，正确的是（　　）

A. 都容易发生取代反应

B. 都容易发生加成反应

C. 乙烯和乙炔易发生加成反应，苯只能在特殊条件下才发生加成反应

D. 乙炔和乙烯易被 $KMnO_4$ 氧化，苯不能被 $KMnO_4$ 氧化

【本章小结】

有机物的结构特点

在有机物中，碳呈四价。碳原子既可与其他原子形成共价键，碳原子之间也可相互成键，既可以形成单键，也可以形成双键或三键；碳碳之间可以形成长的碳链，也可以形成碳环。

烃是一类仅含有碳、氢两种元素的化合物。

1. 烃的分类

本章所介绍的烃，可分类如下：

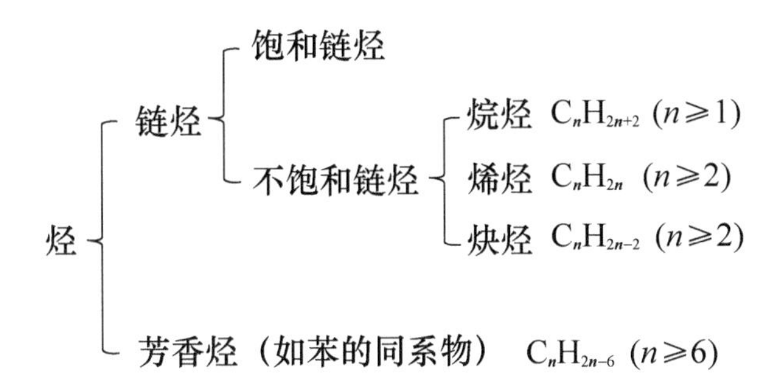

2. 各类烃的结构特点和主要化学性质

	碳碳键结构特点	主要化学性质
烷烃	仅含 C—C 键	与卤素发生取代反应，热分解
烯烃	含有 C=C 键	与卤素等发生加成反应，与高锰酸钾发生氧化反应
炔烃	含有 C≡C 键	与卤素等发生加成反应，与高锰酸钾发生氧化反应
芳香烃	含有苯环	与卤素等发生取代反应，与氢气等发生加成反应

3. 几种有机化学的反应类型

（1）取代反应：有机物分子里的某些原子或原子团被其他原子或原子团所代替的反应叫做取代反应。

（2）加成反应：有机物分子里不饱和碳原子跟其他原子或原子团直接结合生成别的物质的反应，叫做加成反应。